云计算工程师系列

Web 开发实战

主 编 肖 睿 陈 永

副主编 王 辉 王春兰 张 军

U0201748

中国水利水电出版社
www.waterpub.com.cn
·北京·

内 容 提 要

　　本书针对 Web 开发零基础人群，采用案例与任务驱动的方式，由入门到精通，边讲解边练习，使得读者的学习过程比较轻松。本书包括网页制作基础 HTML+CSS、使用 jQuery 制作网页特效、Django Web 开发三大部分内容，系统地介绍 HTML 标签、CSS 样式、JavaScript 和 jQuery 开发的知识，使读者最终能运用所学知识完成精彩的网站开发。本书还在掌握 Python 的基础上介绍了 MVC 模型、Django 框架，最后通过多个项目来训练如何进行 Web 开发。

　　本书通过通俗易懂的原理及深入浅出的案例，并配以完善的学习资源和支持服务，为读者带来全方位的学习体验，包括视频及动画教程、案例素材下载、学习交流社区、讨论组等终身学习内容，更多技术支持请访问课工场 www.kgc.cn。

图书在版编目（C I P）数据

Web开发实战 / 肖睿，陈永主编. -- 北京 ： 中国水
利水电出版社，2017.5
　（云计算工程师系列）
　ISBN 978-7-5170-5400-9

　Ⅰ．①W… Ⅱ．①肖… ②陈… Ⅲ．①网页制作工具
Ⅳ．①TP393.092

中国版本图书馆CIP数据核字(2017)第105374号

策划编辑：祝智敏　责任编辑：李　炎　加工编辑：郭继琼　封面设计：梁　燕

	云计算工程师系列
书　名	Web开发实战　Web KAIFA SHIZHAN
作　者	主编 肖睿 陈永
	副主编　王　辉　王春兰　张　军
出版发行	中国水利水电出版社
	（北京市海淀区玉渊潭南路 1 号 D 座 100038）
	网　址：www.waterpub.com.cn
	E-mail：mchannel@263.net（万水）
	sales@waterpub.com.cn
	电　话：（010）68367658（营销中心）、82562819（万水）
经　售	全国各地新华书店和相关出版物销售网点
排　版	北京万水电子信息有限公司
印　刷	北京泽宇印刷有限公司
规　格	184mm×260mm　16 开本　16.25 印张　350 千字
版　次	2017 年 5 月第 1 版　2017 年 5 月第 1 次印刷
印　数	0001—3000 册
定　价	48.00 元

丛书编委会

前 言

"互联网 + 人工智能"时代，新技术的发展可谓是一日千里，云计算、大数据、物联网、区块链、虚拟现实、机器学习、深度学习等，已经形成一波新的科技浪潮。以云计算为例，国内云计算市场的蛋糕正变得越来越诱人，以下列举了 2016 年以来发生的部分大事。

1. 中国联通发布云计算策略，并同步发起成立"中国联通沃云 + 云生态联盟"，全面开启云服务新时代。

2. 内蒙古斥资 500 亿元欲打造亚洲最大的云计算数据中心。

3. 腾讯云升级为平台级战略，旨在探索云上生态，实现全面开放，构建可信赖的云生态体系。

4. 百度正式发布"云计算 + 大数据 + 人工智能"三位一体的云战略。

5. 亚马逊 AWS 和北京光环新网科技股份有限公司联合宣布：由光环新网负责运营的 AWS 中国（北京）区域在中国正式商用。

6. 来自 Forrester 的报告认为，AWS 和 OpenStack 是公有云和私有云事实上的标准。

7. 网易正式推出"网易云"。网易将先行投入数十亿人民币，发力云计算领域。

8. 金山云重磅发布"大米"云主机，这是一款专为创业者而生的性能王云主机，采用自建 11 线 BGP 全覆盖以及 VPC 私有网络，全方位保障数据安全。

DT 时代，企业对传统 IT 架构的需求减弱，不少传统 IT 企业的技术人员，面临失业风险。全球最知名的职业社交平台 LinkedIn 发布报告，最受雇主青睐的十大职业技能中"云计算"名列前茅。2016 年，中国企业云服务整体市场规模超 500 亿元，预计未来几年仍将保持约 30% 的年复合增长率。未来 5 年，整个社会对云计算人才的需求缺口将高达 130 万。从传统的 IT 工程师转型为云计算与大数据专家，已经成为一种趋势。

基于云计算这样的大环境，课工场（kgc.cn）的教研团队几年前开始策划的"云计算工程师系列"教材应运而生，它旨在帮助读者朋友快速成长为符合企业需求的、优秀的云计算工程师。这套教材是目前业界最全面、专业的云计算课程体系，能够满足企业对高级复合型人才的要求。参与本书编写的院校老师还有陈永、王辉、王春兰、张军等。

课工场是北京大学下属企业北京课工场教育科技有限公司推出的互联网教育平台，专注于互联网企业各岗位人才的培养。平台汇聚了数百位来自知名培训机构、高校的顶级名师和互联网企业的行业专家，面向大学生以及需要"充电"的在职人员，针对与互联网相关的产品设计、开发、运维、推广和运营等岗位，提供在线的直播和录播课程，并通过遍及全国的几十家线下服务中心提供现场面授以及多种形式的教学服务，并同步研发出版最新的课程教材。

除了教材之外，课工场还提供各种学习资源和支持，包括：

- 现场面授课程
- 在线直播课程
- 录播视频课程
- 授课 PPT 课件
- 案例素材下载
- 扩展资料提供
- 学习交流社区
- QQ 讨论组（技术，就业，生活）

以上资源请访问课工场网站 www.kgc.cn。

本套教材特点

（1）科学的训练模式

- 科学的课程体系。
- 创新的教学模式。
- 技能人脉，实现多方位就业。
- 随需而变，支持终身学习。

（2）企业实战项目驱动

- 覆盖企业各项业务所需的 IT 技能。
- 几十个实训项目，快速积累一线实践经验。

（3）便捷的学习体验

- 提供二维码扫描，可以观看相关视频讲解和扩展资料等知识服务。
- 课工场开辟教材配套版块，提供素材下载、学习社区等丰富的在线学习资源。

读者对象

（1）初学者：本套教材将帮助你快速进入云计算及运维开发行业，从零开始逐步成长为专业的云计算及运维开发工程师。

（2）初中级运维及运维开发者：本套教材将带你进行全面、系统的云计算及运维开发学习，帮助你逐步成长为高级云计算及运维开发工程师。

课程设计说明

课程目标

读者学完本书后，能够制作网页特效、进行 Web 开发。

训练技能

- 熟练掌握 DIV+CSS 制作各种布局的网页。
- 熟练使用 JavaScript 和 jQuery 完成基本特效，掌握配合 CSS 进行简单特效的开发。
- 理解 MVC 模型及 Django 的 MTV 框架，能够熟练搭建 Django Web 开发环境。
- 理解 ORM，熟练使用 Django 连接 MySQL 做增删改查。
- 掌握使用 Django 开发项目。

设计思路

本书采用了教材＋扩展知识的设计思路，扩展知识提供二维码扫描，形式为文档、视频等，内容可以随时更新，能够更好地服务读者。

教材分为 10 个章节、3 个阶段来设计学习，即网页制作基础 HTML+CSS、使用 jQuery 制作网页特效、Django Web 开发，具体安排如下：

- 第 1 章～第 3 章是对网页制作的基本学习，主要涉及 HTML+CSS 制作网页，训练基本的网页制作能力。
- 第 4 章～第 7 章是对基本的 JavaScript 和 jQuery 编码能力的学习，主要涉及通过 JavaScript 和 jQuery 完成基本特效，掌握配合 CSS 进行简单特效的开发。
- 第 8 章～第 10 章介绍搭建 Django Web 开发环境、MVC 模型、Django 的 MTV 框架、ORM、Django 连接 MySQL 做增删改查、Django 开发项目。

章节导读

- 技能目标：学习本章所要达到的技能，可以作为检验学习效果的标准。
- 本章导读：对本章涉及的技能内容进行分析并展开讲解。
- 操作案例：对所学内容的实操训练。
- 本章总结：针对本章内容的概括和总结。
- 本章作业：针对本章内容的补充练习，用于加强对技能的理解和运用。
- 扩展知识：针对本章内容的扩展、补充，对于新知识随时可以更新。

学习资源

- 学习交流社区（课工场）
- 案例素材下载
- 相关视频教程

更多内容详见课工场 www.kgc.cn。

关于引用作品版权说明

为了方便课堂教学，促进知识传播，帮助读者学习优秀作品，本教材选用了一些知名网站的相关内容作为学习案例。为了尊重这些内容所有者的权利，特此声明：凡在书中涉及的版权、著作权、商标权等权益均属于原作品版权人、著作权人、商标权人。

为了维护原作品相关权益人的权益，现对本书选用的主要作品的出处给予说明（排名不分先后）。

序号	选用的网站作品	版权归属
1	聚美优品	聚美优品
2	京东商城	京东
3	当当网	当当
4	淘宝网	淘宝
5	人人网	人人
6	北大青鸟官网	北大青鸟
7	新东方官网	新东方
8	1 号店商城	1 号店
9	腾讯网	腾讯
10	4399 小游戏网	四三九九网

由于篇幅有限，以上列表中可能并未全部列出本书所选用的作品。在此，我们衷心感谢所有原作品的相关版权权益人及所属公司对职业教育的大力支持！

2017 年 3 月

目　　录

第1章

初识 HTML 与 CSS

技能目标

- 掌握 HTML 标签的应用
- 掌握 CSS 的语法结构和在网页中的应用

本章导读

　　大家经常浏览的新闻页面、微博和微信等各种从网上获得信息的途径，基本上都是以 Web 为基础来呈现的。HTML（Hyper Text Markup Language，超文本标记语言）则是创建 Web 页面的基础。本章从 HTML 文件的基本结构开始，讲解如何通过各种标签编写一个基本的 HTML 网页，然后介绍如何使用基本的 CSS 来美化网页，通过基础内容的学习让大家打下一个牢固的基础。

知识服务

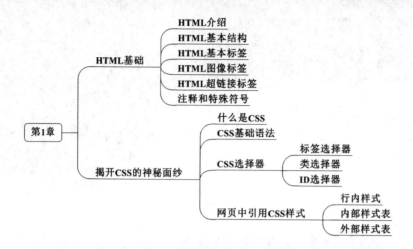

1.1 HTML 基础

本节将介绍 HTML 文件的基本结构，在讲解之前，首先简单介绍什么是 HTML，以及它的发展历史。

1.1.1 HTML 介绍

HTML 是用来描述网页的一种语言，是一种超文本标记语言（Hyper Text Markup Language），也就是说，HTML 不是一种编程语言，仅是一种标记语言（Markup Language）。

既然 HTML 是标记语言，那么它就是由一套标记标签（markup tag）组成的，在制作网页时，HTML 使用标记标签来描述网页。

在明白了什么是 HTML 之后，简单介绍一下 HTML 的发展历史，让大家了解 HTML 的发展历程，以及目前最新版本的 HTML，使大家在学习时有一个学习的目标和方向。

图 1.1 所示为 HTML 的发展里程碑。

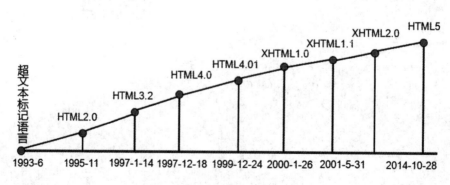

图 1.1　HTML 的发展

- 超文本标记语言——1993 年 6 月根据互联网工程任务小组的工作草案发布（并非标准）。
- HTML 2.0——1995 年 11 月作为 RFC 1866 发布，在 RFC 2854 于 2000 年 6 月发布之后被宣布过时。
- HTML 3.2——1996 年 1 月 14 日发布，W3C 推荐标准。
- HTML 4.0——1997 年 12 月 18 日发布，W3C 推荐标准。
- XHTML 1.0——2000 年 1 月 26 日发布，是 W3C 推荐标准，后来经过修订，于 2002 年 8 月 1 日重新发布。
- XHTML 2.0——W3C 的工作草案，由于改动过大，学习这项新技术的成本过高而最终胎死腹中。因此，现在最常用的还是 XHTML 1.0 标准。
- HTML 5——于 2004 年被提出，2007 年被 W3C 接纳，随后，新的 HTML 工作团队成立，于 2008 年 1 月 22 日公布 HTML 5 第一份正式草案，2012 年 12 月 17 日 HTML 5 规范正式定稿。2013 年 5 月 6 日，HTML 5.1 正式草案公布。

HTML 5 从字面意义上可理解为：HTML 技术标准的第 5 版。从广义上来讲，它是 HTML、CSS、JavaScript、CSS3、API 等的集合体。HTML 5 作为最新版本，提供了一些新的元素和一些有趣的新特性，同时也建立了一些新的规则。这些元素、特性和规则的建立，提供了许多新的网页功能，如使用网页实现动态渲染图形、图表、图像和动画，以及不需要安装任何插件直接使用网页播放视频等。

虽然 HTML 5 提供了许多新的功能，但是它目前仍在完善之中，新的功能还在不断地被推出，纯 HTML 5 的开发还处于尝试阶段。虽然大部分现代浏览器已经具备了某些 HTML 5 的支持，但是还不能完全支持 HTML 5，支持 HTML 5 大部分功能的浏览器仅是一些高版本浏览器，如 IE 9 及更高版本。

开发 HTML 页面非常得灵活，在任何操作系统下均可进行，如 Windows、Linux、Mac OS X。开发工具更是举不胜举，最简单的记事本就可以作为一个工具使用，但是有一个得心应手的工具还是非常有利于提高开发效率的，如十年之前就开始盛行的 Adobe Dreamweaver，以及 Adobe Edge、JetBrains WebStorm 等，这几款开发工具都是近年来非常流行的前端开发工具。对于工具的选择本书不做硬性要求，可以根据自己的习惯选择，本书选择 JetBrains WebStorm 作为基本开发工具。

1.1.2　HTML 基本结构

HTML 的基本结构如图 1.2 所示。整个 HTML 包括头部（head）和主体（body）两部分，头部包括网页标题（title）等基本信息，主体包括网页的内容信息，如图片、文字等。

- 页面的各部分内容都在对应的标签中，如网页以 <html> 开始，以 </html> 结束。
- 网页头部以 <head> 开始，以 </head> 结束。
- 页面主体部分以 <body> 开始，以 </body> 结束。

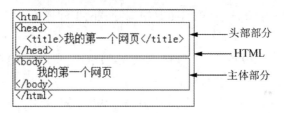

图 1.2　HTML 代码结构

网页中所有的内容都放在 <body> 和 </body> 之间。注意 HTML 标签都以"< >"开始、以"</ >"结束，要求成对出现，标签之间有缩进，以体现层次感，方便阅读和修改。

案例：我的第一个网页

需求描述

编写一个网页并运行，效果见图 1.3。

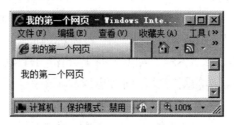

图 1.3　我的第一个网页

实现步骤

● 打开开发工具，新建 HTML 文件。

文件创建完毕后，通常会自动生成网页结构，代码如下。若没有自动生成，请手动编写完成。

```
<html>
<head>
<title></title>
</head>
<body>
</body>
</html>
```

● 添加网页标题。

在 <title></title> 中，添加"我的第一个网页"。

● 添加网页主体内容。

在 <body></body> 中，添加"我的第一个网页"。

● 运行查看效果。

前面使用 IE 打开第一个网页显示正常，但是如果使用火狐浏览器打开，可能会出现图 1.4 所示的页面，页面标题和网页内容均显示乱码，为什么会出现这样的情况呢？

在前面的例子中只编写了网页的基本结构，实际上一个完整的网页除了基本结构之外，还包括网页声明、<meta> 标签等其他网页基本信息，如示例 1 所示，下面进行详细介绍。

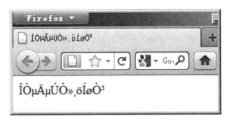

图 1.4　页面出现乱码

❁ 示例 1

```
<!DOCTYPE html>
<html>
<head lang="en">
<meta charset="UTF-8">
<title></title>
</head>
<body>
</body>
</html>
```

1．DOCTYPE 声明

从示例 1 中可以看到，最上面有关于"DOCTYPE"文档类型的声明，它约束 HTML 文档结构，检验其是否符合相关 Web 标准，同时告诉浏览器，使用哪种规范来解释这个文档中的代码。DOCTYPE 声明必须位于 HTML 文档的第一行，<!DOCTYPE html> 表示声明本文档是 HTML 5 结构文档。

2．<title> 标签

使用 <title> 标签描述网页的标题，类似一篇文章的标题，一般为一个简洁的主题，并能吸引读者有兴趣读下去。例如，课工场网站的主页，对应的网页标题为

```
<title> 互联网人都在学的在线学习平台 </title>
```

打开网页后，将在浏览器窗口的标题栏显示网页标题。

3．<meta> 标签

使用该标签描述网页具体的摘要信息，包括文档内容类型、字符编码信息、搜索关键字、网站提供的功能和服务的详细描述等。<meta> 标签描述的内容并不显示，其目的是方便浏览器解析或利于搜索引擎搜索，它采用"名称/值"对的方式描述摘要信息。

（1）文档内容类型、字符编码信息

```
<meta http-equiv="Content-Type" content="text/html; charset=UTF-8" />
```

其中，属性"http-equiv"提供"名称/值"中的名称，"content"提供"名称/值"中的值，HTML 代码的含义如下。

- 名称：Content-Type（文档内容类型）。
- 值：text/html; charset 表示字符集编码。常用的编码有以下几种。
  - ◆ gb2312：简体中文，一般用于包含中文和英文的页面。
  - ◆ ISO-885901：纯英文，一般用于只包含英文的页面。
  - ◆ big5：繁体，一般用于带有繁体字的页面。
  - ◆ utf-8：国际性通用的字符编码，适用于中文和英文的页面。和 gb2312 编码相比，国际通用性更好，但字符编码的压缩比稍低，对网页性能有一定影响。

这种字符编码的设置效果，就类似于在 IE 中单击"查看"→"编码"菜单，给 HTML 文档设置不同的字符编码。需要注意，不正确的编码设置，将产生网页乱码。

实际上前面网页打开后出现乱码的原因就是没有设置 \<meta\> 标签、字符编码造成的，从这里可以看出，一个网页的字符编码是多么重要，因此在制作网页时，一定不要忘记设置网页编码，以免出现页面乱码的问题。

（2）搜索关键字和内容描述信息

```
<meta name="keywords" content=" 课工场，在线教育平台 " />
<meta name="description" content=" 互联网教育，在线学习平台，视频教程，课工场努力
    打造国内在线学习平台第一品牌 " />
```

实现的方式仍然为"名称/值"对的形式，其中 keywords 表示搜索关键字，description 表示网站内容的具体描述。通过提供搜索关键字和内容描述信息，方便搜索引擎的搜索。

1.1.3 HTML 基本标签

任何一个网页基本上都是由一个个标签构成的，网页的基本标签包括标题标签、段落标签、换行标签、水平线标签等，表 1-1 是对这些基本标签的概括介绍。

表 1-1　HTML 基本标签

名称	标签	示例
标题标签	\<h1\> ～ \<h6\>	\<h1\> 静夜思 \</h1\>
段落和换行标签	\<p\>…\</p\>、\<br/\>	\<p\> 床前明月光 \<br/\> 疑是地上霜 \</p\>
水平线标签	\<hr/\>	\<hr/\>
斜体	\<em\>…\</em\>	\<em\> 举头望明月 \</em\>
字体加粗	\<strong\>…\</strong\>	\<strong\> 低头思故乡 \</strong\>

1．标题标签

标题标签表示一段文字的标题或主题，并且支持多层次的内容结构。例如，一级

标题采用 <h1>，二级标题则采用 <h2>，其他以此类推。 HTML 共提供了 6 级标题 <h1> ～ <h6>，并赋予了标题一定的外观，所有标题字体加粗，<h1> 字号最大，<h6> 字号最小。例如，示例 2 描述了各级标题对应的 HTML 标签。

✪ 示例 2

```
<!DOCTYPE html>
<html>
<head lang="en">
<meta charset="UTF-8">
<title> 不同等级的标题标签对比 </title>
</head>
<body>
<h1> 一级标题 </h1>
<h2> 二级标题 </h2>
<h3> 三级标题 </h3>
<h4> 四级标题 </h4>
<h5> 五级标题 </h5>
<h6> 六级标题 </h6>
</body>
</html>
```

在浏览器中打开示例 2 的预览效果，如图 1.5 所示。

图 1.5　不同级别的标题标签输出结果

2. 段落和换行标签

顾名思义，段落标签 <p>……</p> 表示一段文字等内容。例如，希望描述"北京欢迎你"这首歌，包括歌名（标题）和歌词（段落），则对应的 HTML 代码如示例 3 所示。

✪ 示例 3

```
<!DOCTYPE html>
<html>
<head lang="en">
```

```
<meta charset="UTF-8">
<title> 段落标签的应用 </title>
</head>
<body>
<h1> 北京欢迎你 </h1>
<p> 北京欢迎你，有梦想谁都了不起！ </p>
<p> 有勇气就会有奇迹。</p>
</body>
</html>
```

在浏览器中打开示例 3 的预览效果，如图 1.6 所示。

图 1.6　段落标签的应用

换行标签
 表示强制换行显示，该标签比较特殊，没有结束标签，直接使用
 表示标签的开始和结束。

3．水平线标签

水平线标签 <hr/> 表示一条水平线，注意该标签与
 标签一样，比较特殊，没有结束标签，使用该标签在网页中的效果如图 1.7 所示。

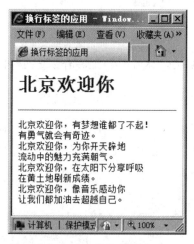

图 1.7　水平线标签的应用

4．斜体和字体加粗

在网页中，经常会遇到字体加粗或斜体字，字体加粗的标签是 ……
，斜体字的标签是 ……。例如，在网页中介绍徐志摩，其中人物
简介加粗显示，介绍中出现的日期使用斜体，对应的 HTML 代码如示例 4 所示。

✪ 示例 4

```
<!DOCTYPE html>
<html>
<head lang="en">
<meta charset="UTF-8">
<title> 字体样式标签 </title>
</head>
<body>
<strong> 徐志摩人物简介 </strong>
<p>
<em>1910</em> 年入杭州学堂 <br/>
<em>1918</em> 年赴美国克拉大学学习银行学 <br/>
<em>1921</em> 年开始创作新诗 <br/>
<em>1922</em> 年返国后在报刊上发表大量诗文 <br/>
<em>1927</em> 年参加创办新月书店 <br/>
<em>1931</em> 年由南京乘飞机到北平，飞机失事，因而遇难 <br/>
</p>
</body>
</html>
```

在浏览器中打开示例 4 的预览效果，如图 1.8 所示。

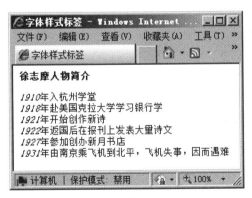

图 1.8　字体样式标签的应用

1.1.4　HTML 图像标签

在浏览网页时，随时都可以看到页面上的各种图像，图像是网页中不可缺少的一

种元素，下面介绍常见的图像格式和如何在网页中使用图像。

1. 常见的图像格式

在日常生活中，使用比较多的图像格式有 4 种，即 JPG、GIF、BMP、PNG。在网页中使用比较多的是 JPG、GIF 和 PNG，大多数浏览器都可以显示这些图像，不过 PNG 格式比较新，部分浏览器不支持。下面我们分别介绍这 4 种常用的图像格式。

（1）JPG

JPG（JPEG）是在 Internet 上被广泛支持的图像格式。JPG 格式采用的是有损压缩，会造成图像画面失真，不过压缩之后的体积很小，而且比较清晰，所以比较适合在网页中应用。

（2）GIF

GIF 是网页中使用最广泛、最普遍的一种图像格式，它是图像交换格式（Graphics Interchange Format）的英文缩写。GIF 文件支持透明色，使得 GIF 在网页的背景和一些多层特效的显示上用得非常多。此外，GIF 还支持动画，这是它最突出的一个特点，因此 GIF 图像在网页中应用非常广泛。

（3）BMP

BMP 在 Windows 操作系统中使用得比较多，它是位图（Bitmap）的英文缩写。BMP 文件格式与其他 Microsoft Windows 程序兼容。它不支持文件压缩，也不适用于 Web 网页。

（4）PNG

PNG 是 20 世纪 90 年代中期开始开发的图像文件存储格式，它兼有 GIF 和 JPG 的优势，同时具备 GIF 文件格式不具备的特性。流式网络图形格式（Portable Network Graphic Format，PNG）名称来源于非官方的 "PNG's Not GIF"，读成 "ping"。唯一遗憾的是，PNG 是一种新兴的 Web 图像格式，还存在部分旧版本浏览器（如 IE 5、IE 6 等）不支持的问题。

2. 图像标签的基本语法

图像标签的基本语法如下：

```
<img src=" 图片地址 " alt=" 图像的替代文字 " title=" 鼠标悬停提示文字 "  width=" 图片宽度 "
    height=" 图片高度 " />
```

其中：

- src 表示图片路径。
- alt 属性指定的替代文本，表示图像无法显示时（如图片路径错误或网速太慢等）替代显示的文本，这样，即使当图像无法显示时，用户还是可以看到网页丢失的信息内容，如图 1.9 所示。所以 alt 属性在制作网页时和 src 配合使用。
- title 属性可以提供额外的提示或帮助信息，当鼠标移至图片上时显示提示信息，如图 1.10 所示。

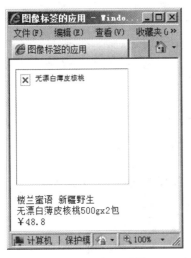

图 1.9　alt 显示效果　　　　　　　图 1.10　title 属性显示效果

- width 和 height 两个属性分别表示图片的宽度和高度，有时可以不设置，那么图片默认显示原始大小。

1.1.5　HTML 超链接标签

大家在上网时，经常会通过超链接查看各个页面或不同的网站，因此超链接 <a> 标签在网页中极为常用。超链接常用来设置到其他页面的导航链接。下面介绍超链接的用法和应用场合。

1. 超链接的基本用法

超链接的基本语法如下。

```
<a href=" 链接地址 " target=" 目标窗口位置 "> 链接文本或图像 </a>
```

- href：表示链接地址的路径。
- target：指定链接在哪个窗口打开，常用的取值有 _self（自身窗口）、_blank（新建窗口）。

超链接既可以是文本超链接，也可以是图像超链接。例如，示例 5 中的两个链接分别表示文本超链接和图像超链接，单击这两个超链接均能够在一个新的窗口中打开 hetao.html 页面。

⭐ 示例 5

```
<!DOCTYPE html>
<html>
<head lang="en">
<meta charset="UTF-8">
<title> 超链接的应用 </title>
```

```
</head>
<body>
<a href="hetao.html" target="_blank"> 无漂白薄皮核桃 </a><br/><br/>
<a href="hetao.html" target="_blank"><img src="image/hetao.jpg" alt=" 无漂白薄皮核桃 "
    title=" 无漂白薄皮核桃 "/></a>
</body>
</html>
```

在浏览器中打开页面并单击超链接，显示效果如图 1.11 所示。

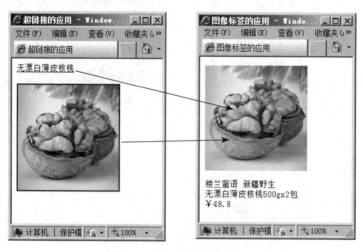

图 1.11　打开超链接示意图

示例 5 中超链接的路径均为文件名称，这表示本页面和跳转页面在同一个目录下，那么，如果两个文件不在同一个目录下，该如何表示文件路径呢？

网页中，当单击某个链接时，将指向万维网上的文档。万维网使用 URL（Uniform Resource Location，统一资源定位器）的方式来定义一个链接地址。例如，一个完整的链接地址的常见形式为 http://www.bdqn.cn。

根据链接的地址是指向站外文件还是站内文件，链接地址又分为绝对路径和相对路径。

- 绝对路径：指向目标地址的完整描述，一般指向本站点外的文件。例如，<a href="http://www.sohu.com/index.html"> 搜狐 </a>。
- 相对路径：相对于当前页面的路径，一般指向本站点内的文件，所以一般不需要一个完整的 URL 地址的形式。例如，"<a href="login/login.htm"> 登录 </a>"表示链接地址为当前页面所在路径的"login"目录下的"login.htm"页面。假定当前页面所在的目录为"D:\root"，则链接地址对应的页面为"D:\root\login\login.htm"。

另外，站内使用相对路径时常用到两个特殊符号："../"表示当前目录的上级目录，"../../"表示当前目录的上上级目录。假定当前页面中包含两个超链接，分别指向上级目录的 web1.html 及上上级目录的 web2.html，如图 1.12 所示。

图 1.12　相对路径

当前目录下 index.html 网页中的两个链接，即上级目录中的 web1.html 及上上级目录中的 web2.html，对应的 HTML 代码如下。

```
<a href="../web1.html"> 上级目录 </a>
<a href="../../web2.html"> 上上级目录 </a>
```

📢 注意

　　当超链接 href 链接路径为 "#" 时表示空链接，如 <a href="#"> 首页 </a>。

2. 超链接的应用场合

大家在上网时，会发现不同的链接方式，有的链接到其他页面，有的链接到当前页面，还有的单击一个链接就能直接打开邮件，实际上根据超链接的应用场合，可以把链接分为 3 类。

- 页面间链接：A 页到 B 页，最常用，用于网站导航。
- 锚链接：A 页的甲位置到 A 页的乙位置或 A 页的甲位置到 B 页的乙位置。
- 功能性链接：在页面中调用其他程序功能，如电子邮件、QQ、MSN 等。

（1）页面间链接

页面间链接就是从一个页面链接到另外一个页面。例如，示例 6 中有两个页面间超链接，分别指向课工场在线学习平台首页和课程列表页面，由于两个指向页面均在当前页面下一级目录下，所以设置的 href 路径显示目录和文件。

✪ 示例 6

```
<!DOCTYPE html>
<html>
<head lang="en">
<meta charset="UTF-8">
<title> 页面间链接 </title>
</head>
<body>
```

```
<p><a href="elearing/index.html" target="_blank"> 课工场在线学习平台 </a></p>
<p><a href="elearing/courseList.html" target="_blank"> 课工场在线学习课程列表
</a></p>
</body>
</html>
```

在浏览器中打开页面，单击两个超链接，分别在两个新的窗口中打开页面。

（2）锚链接

常用于目标页内容很多、需定位到目标页内容中的某个具体位置时。例如，网上常见的新手帮助页面，当单击某个超链接时，将跳转到对应帮助的内容介绍处，这种方式就是前面说的从 A 页面的甲位置跳转到本页中的乙位置，做起来很简单，需要两个步骤。

首先在页面的乙位置设置标记：

```
<a name="marker"> 目标位置乙 </a>
```

"name"为 <a> 标签的属性，"marker"为标记名，其功能类似古时用于固定船的锚（或钩），所以也称为锚名。

然后在甲位置链接路径 href 属性值为"# 标记名"，语法如下。

```
<a href="#marker"> 当前位置甲 </a>
```

明白了如何实现页面的锚链接，现在来看一个例子——聚美优品网站的新手帮助页面。当单击"新用户注册帮助"超链接时将跳转到页面下方"新用户注册"步骤说明相关位置，如图 1.13 所示。

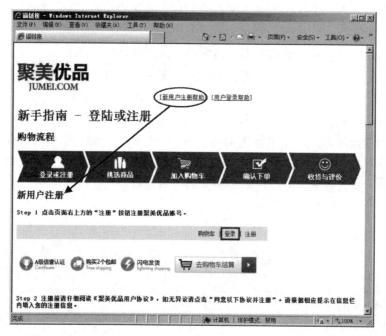

图 1.13　锚链接

上面的例子对应的 HTML 代码如示例 7 所示。

✪ 示例 7

```
<!-- 省略部分 HTML 代码 -->
<p><img src="image/logo.jpg" width="305" height="104" alt="logo" />
[<a href="#register"> 新用户注册帮助 </a>] [<a href="#login"> 用户登录帮助 </a>]</p>
<h1> 新手指南 - 登陆或注册 </h1>
<!-- 省略部分 HTML 代码 -->
<h2><a name="register"> 新用户注册 </a></h2>
<!-- 省略部分 HTML 代码 -->
<h2><a name="login"> 登录 </a></h2>
<!-- 省略部分 HTML 代码 -->
```

上面这个例子是同页面间的锚链接，那么，如果要实现不同页面间的锚链接，即从 A 页面的甲位置跳转到 B 页面的乙位置，如单击 A 页面上的"用户登录帮助"链接，将跳转到帮助页面的对应用户登录帮助内容处，该如何实现呢？实际上实现步骤与同页面间的锚链接一样，同样首先在 B 页面（帮助页面）对应位置设置锚标记，如 <a name="login"> 登录 </a>，然后在 A 页面设置锚链接，假设 B 页面（帮助页面）名称为 help.html，那么锚链接为 <a href="help.html#login"> 用户登录帮助 </a>，实现效果如图 1.14 所示。

图 1.14　不同页面间的锚链接

（3）功能性链接

功能性链接比较特殊，当单击链接时不是打开某个网页，而是启动本机自带的某个应用程序,如网上常见的电子邮件、QQ 等链接。接下来以最常用的电子邮件链接为例,当单击"联系我们"邮件链接,将打开用户的电子邮件程序,并自动填写"收件人"文本框中的电子邮件地址。

电子邮件链接的用法是"mailto: 电子邮件地址",完整的 HTML 代码如示例 8 所示。

✪ 示例 8

```
<!DOCTYPE html>
<html>
<head lang="en">
<meta charset="UTF-8">
<title> 邮件链接 </title>
</head>
<body>
<p><img src="image/logo.jpg" width="305" height="104" alt="logo" />
[<a href="mailto:kgcWebmaster@kgc.cn"> 联系我们 </a>] </p>
</body>
</html>
```

在浏览器中打开页面,单击"联系我们"链接,将弹出电子邮件编写窗口。

1.1.6 注释和特殊符号

HTML 中的注释是为了方便代码阅读和调试。当浏览器遇到注释时会自动忽略注释内容。HTML 的注释格式如下。

```
<!-- 注释内容 -->
```

当页面的 HTML 结构复杂或内容较多时,需要添加必要的注释方便代码阅读和维护。同时,有时为了调试,需要暂时注释掉一些不必要 HTML 代码。例如,将示例 5 中的一些代码注释掉,如示例 9 所示。

✪ 示例 9

```
<!DOCTYPE html>
<html>
<head lang="en">
<meta charset="UTF-8">
<title> 字体样式标签 </title>
</head>
<body>
<strong> 徐志摩人物简介 </strong>
<p>
<!--<em>1910</em> 年入杭州学堂 <br/>-->
<em>1918</em> 年赴美国克拉大学学习银行学 <br/>
<em>1921</em> 年开始创作新诗 <br/>
```

```
<em>1922</em> 年返国后在报刊上发表大量诗文 <br/>
<!--<em>1927</em> 年参加创办新月书店 <br/>
<em>1931</em> 年由南京乘飞机到北平，飞机失事，因而遇难 <br/>-->
</p>
</body>
</html>
```

在浏览器中打开示例 9 的预览效果，如图 1.15 所示，被注释掉的内容在页面上不显示。

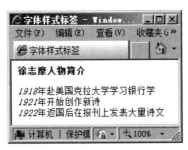

图 1.15　注释的应用

由于大于号（>）、小于号（<）等已作为 HTML 的语法符号，所以，如果要在页面中显示这些特殊符号，就必须用相应的 HTML 代码表示，这些特殊符号对应的 HTML 代码被称为字符实体。

在 HTML 中常用的特殊符号及对应的字符实体如表 1-2 所示，这些实体符号都以"&"开头，以";"结束。

表 1-2　特殊符号

特殊符号	字符实体	示例
空格		<a href="#"> 百度 </a> | <a href="#">Google</a>
大于号（>）	&gt;	如果时间 > 晚上 6 点，就坐车回家
小于号（<）	&lt;	如果时间 < 早上 7 点，就走路去上学
引号（"）	&quot;	W3C 规范中，HTML 的属性值必须用成对的 " 引起来
版权符号（@）	&copy;	© 2013-2016 课工场

1.2　揭开 CSS 的神秘面纱

在前面的学习中，介绍了简单的使用 HTML 语言编辑网页，那么大家看下图 1.16 所示 QQ 页面中推荐红钻特权的页面，然后回答一个问题，使用前面学习过的 HTML 知识能实现这样的页面效果吗？当然不能，单纯地使用 HTML 标签是不能实现的，如果要实现这样精美的网页就需要借助于 CSS。到底什么是 CSS 呢？

图 1.16　推荐红钻特权部分页面

1.2.1　什么是 CSS

CSS 全称为层叠样式表（Cascading Style Sheet），通常又称为风格样式表（Style Sheet），它是用来进行网页风格设计的。页面中使用 CSS 混排效果，将图片和文本结合在一起，非常漂亮，并且很清晰。

通过设立样式表，可以统一地控制 HTML 中各标签的显示属性，如设置字体的颜色、大小、样式等，使用 CSS 还可以设置文本居中显示、文本与图片的对齐方式、超链接的不同效果等，这样层叠样式表就可以更有效地控制网页外观。

使用层叠样式表，还可以精确地定位网页元素的位置，美化网页外观，如图 1.17 是使用了 CSS 来控制设计的页面，看起来是不是条理清晰、配色清新，页面结构非常赏心悦目呢？

图 1.17　某网站游戏下载页面

下面列举了使用 CSS 的优势。

- 内容与表现分离，也就是使用前面学习的 HTML 语言制作网页，使用 CSS 设置网页样式、风格，并且 CSS 样式单独存放在一个文件中。这样 HTML

文件引用 CSS 文件就可以了，网页的内容（XHTML）与表现就可以分开了，便于后期 CSS 样式的维护。

● 表现的统一，可以使网页的表现非常统一，并且容易修改。把 CSS 写在单独的页面中，可以对多个网页应用其样式，使网站中的所有页面表现、风格统一，并且当需要修改页面的表现形式时，只需要修改 CSS 样式，所有的页面样式便同时修改。

● 丰富的样式，使得页面布局更加灵活。

● 减少网页的代码量，增加网页的浏览速度，节省网络带宽。在网页中只写 HTML 代码，在 CSS 样式表中编写样式，这样可以减少页面代码量，并且页面代码清晰。同时一个合理的层叠样式表，还能有效地节省网络带宽，提高用户体验量。

● 运用独立于页面的 CSS，还有利于网页被搜索引擎收录。

其实使用 CSS 远不止于这些优点，在以后的学习中，大家会深入地了解 CSS 在网页中的优势，现在进入本章的重点内容，学习 CSS 的基础语法。

1.2.2　CSS 基础语法

CSS 和 HTML 一样，都是浏览器能够解析的计算机语言。因此，CSS 也有自己的语法规则和结构。CSS 规则由两部分构成：选择器和声明。声明必须放在大括号 { } 中，并且声明可以是一条或多条；每条声明由一个属性和值组成，属性和值用冒号分开，每条语句以英文分号结尾。如图 1.18 所示，h1 表示选择器，"font-size:12px;"和"color:#F00;"表示两条声明，声明中 font-size 和 color 表示属性，而 12px 和 #F00 则是对应的属性值。

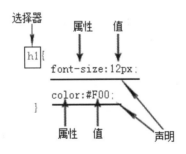

图 1.18　CSS 基础语法

了解了 CSS 的基础语法，在网页中，如何定义 CSS 的呢？在 HTML 中通过使用 <style> 标签引入 CSS 样式。<style> 标签用于为 HTML 文档定义样式信息。<style> 标签位于 <head> 标签中，它规定浏览器中如何呈现 HTML 文档。在 <style> 标签中，type 属性是必需的，它用来定义 style 元素的内容，唯一值是"text/css"，示例 10 简单展示了如何在网页中对 h1 进行样式设定。

● 示例 10

```
<!DOCTYPE html>
<html>
<head lang="en">
<meta charset="UTF-8">

<title>CSS 引入到网页 </title>
<style type="text/css">
h1{font-size:14px;
font-family:" 宋体 ";
color:red;
    }
</style>
</head>
<body></body>
</html>
```

掌握了如何在 HTML 中编辑 CSS 样式，那么如何把样式应用到 HTML 标签中呢？首先就需要学习 CSS 选择器。

1.2.3 CSS 选择器

选择器（selector）是 CSS 中非常重要的概念，所有 HTML 语言中的标签样式，都是通过不同的 CSS 选择器进行控制的。用户只需要通过选择器，就可以对不同的 HTML 标签进行选择，并赋予各种样式声明，即可以实现各种效果。

在 CSS 中，有 3 种最基本的选择器，分别是标签选择器、类选择器和 ID 选择器，下面分别进行详细介绍。

1. 标签选择器

一个 HTML 页面由很多的标签组成，如 <h1> ～ <h6>、<p>、<img/> 等，CSS 标签选择器就是用来声明这些标签的。因此，每种 HTML 标签的名称都可以作为相应的标签选择器的名称。

每个 CSS 选择器都包含选择器本身、属性和值，其中，属性和值可以设置多个，从而实现对同一个标签声明多种样式风格，CSS 标签选择器的语法结构如图 1.19 所示。

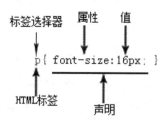

图 1.19　标签选择器

示例 11 声明了 <h3> 和 <p> 标签选择器，h3 选择器用于声明页面中所有 <h3> 标签的样式风格，p 选择器用于声明页面中所有 <p> 标签的 CSS 风格。

✪ 示例 11

```
<!DOCTYPE html>
<html>
<head lang="en">
<meta charset="UTF-8">
<title> 标签选择器的用法 </title>
<style type="text/css">
h3{color:#090;}
p{
    font-size:16px;
    color:red;
    }
</style>
</head>
<body>
<h3> 北京欢迎你 </h3>
<p> 北京欢迎你，有梦想谁都了不起！ </p>
<p> 有勇气就会有奇迹。</p>
</body>
</html>
```

示例 11 中 CSS 代码声明了 HTML 页面中所有的 <h3> 标签和 <p> 标签。<h3> 标签中文字颜色为绿色，<p> 标签中文字颜色为红色，大小都为 16px。在浏览器中打开页面，即可观察到标题颜色为绿色，文本颜色为红色，并且字体大小都为 16px。

📢 **注意**

> 标签选择器声明之后，立即对 HTML 中的标签产生作用。

标签选择器是网页样式中经常用到的，通常用于直接设置页面中的标签样式。例如，页面中有 <h1>、<h4>、<p> 标签，如果相同的标签内容的样式一致，那么使用标签选择器就非常方便了。

2. 类选择器

从标签选择器中可以看出，标签选择器一旦声明，那么页面中所有的该标签都会相应地发生变化。例如，当声明了 <p> 标签都为红色时，页面中所有的 <p> 标签都将显示为红色。但是，如果希望其中的某个 <p> 标签不是红色，而是绿色，仅依靠标签选择器是不够的，还需要引入类（class）选择器。

类选择器的名称可以由用户自定义，属性和值跟标签选择器一样，必须符合 CSS

规范，类选择器的语法结构如图 1.20 所示。

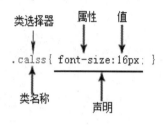

图 1.20　类选择器

设置了类选择器后，就要在 HTML 标签中应用类样式。使用标签的 class 属性引用类样式，即 < 标签名 class=" 类名称 "> 标签内容 </ 标签名 >。

例如，要使示例 11 的两个 <p> 标签中的文本分别显示不同的颜色，就可以通过设置不同的类选择器来实现，代码如示例 12 所示，增加了 green 类样式，并在 <p> 标签中使用 class 属性引用了类样式。

⭐ 示例 12

```
<!DOCTYPE html>
<html>
<head lang="en">
<meta charset="UTF-8">
<title> 类选择器的用法 </title>
<style type="text/css">
h3{color:#090;}
p{
    font-size:16px;
    color:red;
    }
.green{
    font-size:20px;
    color:green;
    }
</style>
</head>
<body>
<h3> 北京欢迎你 </h3>
<p> 北京欢迎你，有梦想谁都了不起！ </p>
<p class="green"> 有勇气就会有奇迹。 </p>
</body>
</html>
```

在浏览器中打开页面，效果如图 1.21 所示，由于第二个 <p> 标签应用了类样式 green，它的文本颜色变为绿色，并且字体大小为 20px；而由于第一个 <p> 标签没有应用类样式，因此它直接使用标签选择器，文字颜色依然是红色，字体大小为 16px。

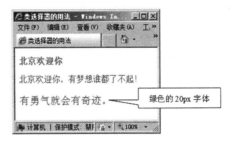

图 1.21　类选择器效果图

类选择器是网页中最常用的一种选择器，设置了一个类选择器后，只要页面中某个标签需要相同的样式，直接使用 class 属性调用即可。类选择器在同一个页面中可以频繁地使用，应用起来非常方便。

3. ID 选择器

ID 选择器的使用方法与类选择器基本相同，不同之处在于 ID 选择器只能在 HTML 页面中使用一次，因此它的针对性更强。在 HTML 标签中，只要在 HTML 中设置了 id 属性，就可以直接调用 CSS 中的 ID 选择器。ID 选择器的语法结构如图 1.22 所示。

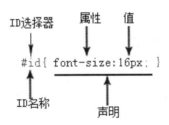

图 1.22　ID 选择器

下面举一个例子看看 ID 选择器在网页中的应用。设置两个 id 属性，分别为 first 和 second，在样式表中设置两个 ID 选择器，代码如示例 13 所示。

❂ 示例 13

```
<!DOCTYPE html>
<html>
<head lang="en">
<meta charset="UTF-8">
<title>ID 选择器的应用 </title>
<style type="text/css">
#first{font-size:16px;}
#second{font-size:24px;}
</style>
</head>
<body>
<h1> 北京欢迎你 </h1>
```

```
<p id="first">北京欢迎你，有梦想谁都了不起！</p>
<p id="second">有勇气就会有奇迹。</p>
<p>北京欢迎你，为你开天辟地</p>
<p>流动中的魅力充满朝气。</p>
</body>
</html>
```

在浏览器中打开的页面效果如图 1.23 所示，由于第一个 <p> 标签设置了 id 为 first，则它的字体大小为 16px；第二个 <p> 标签设置了 id 为 second，它的字体大小为 24px。由此例子可以看出，只要在 HTML 标签中设置了 id 属性，那么此标签就可以直接使用 CSS 中对应的 ID 选择器。

图 1.23 ID 选择器效果图

ID 选择器与类选择器不同，同一个 id 属性在同一个页面中只能使用一次，虽然这样，但是它在网页中也是经常用到的。例如，在布局网页时，页头、页面主体、页尾或者页面中的菜单和列表等通常都使用 id 属性，这样看到 id 名称就知道此部分的内容，使页面代码具有非常高的可读性。

1.2.4 网页中引用 CSS 样式

在前面的几个例子中，所有的 CSS 样式都是通过 <style> 标签放在 HTML 页面的 <head> 标签中的，但是在实际制作网页时，这种方式并不是唯一的，还有其他两种方式应用 CSS 样式。在 HTML 中引入 CSS 样式的方法有 3 种，分别是：

- 行内样式
- 内部样式表
- 外部样式表

下面依次学习各种应用方式的优缺点及应用场景。

1. 行内样式

行内样式就是在 HTML 标签中直接使用 style 属性设置 CSS 样式。style 属性提供了一种改变所有 HTML 元素样式的通用方法。style 属性的用法如下所示。

```
<h1 style="color:red;">style 属性的应用 </h1>
<p style="font-size:14px; color:green;"> 直接在 HTML 标签中设置的样式 </p>
```

这种使用 style 属性设置 CSS 样式的方法仅对当前的 HTML 标签起作用，并且要写在 HTML 标签中。

 注意

　　行内样式方式不能使内容与表现相分离，本质上没有体现出 CSS 的优势，因此不推荐使用。

2. 内部样式表

正如前面讲到的所有示例一样，把 CSS 代码写在 <head> 的 <style> 标签中，与 HTML 内容位于同一个 HTML 文件中，这就是内部样式表。

这种方式方便在同页面中修改样式，但不利于在多页面间共享复用代码及维护，对内容与样式的分离也不够彻底。实际开发时，会在页面开发结束后，将这些样式代码保存到单独的 CSS 文件中，将样式和内容彻底分离开，即下面介绍的外部样式表。

3. 外部样式表

外部样式表是把 CSS 代码保存为一个单独的样式表文件，文件扩展名为 .css，在页面中引用外部样式表即可。HTML 文件引用外部样式表有两种方式，分别是链接式和导入式。

● 链接外部样式表

链接外部样式表就是在 HTML 页面中使用 <link/> 标签链接外部样式表，这个 <link/> 标签必须放到页面的 <head> 标签内，语法如下所示。

```
<head lang="en">
......
<link href="style.css" rel="stylesheet" type="text/css" />
......
</head>
```

其中，rel="stylesheet" 是指在页面中使用这个外部样式表；type="text/css" 是指文件的类型是样式表文本；href="style.css" 是文件所在的位置，style.css 是 CSS 样式表文件。

● 导入外部样式表

导入外部样式表就是在 HTML 网页中使用 @import 导入外部样式表，导入样式表的语句必须放在 <style> 标签中，而 <style> 标签必须放到页面的 <head> 标签内，语法如下所示。

```
<headlang="en">
......
```

```
<style type="text/css">
<!--
@import url("style.css");
-->
</style>
</head>
```

其中 @import 表示导入文件，前面必须有一个 @ 符号，url("style.css") 表示样式表文件位置。

以上讲解了两种引用外部样式表的方式，它们的本质都是将一个独立的 CSS 样式表引用到 HTML 页面中，但是两者还是有一些差别的，现在看一下两者的不同之处。

（1）<link/> 标签属于 XHTML 范畴，而 @import 是 CSS 2.1 中特有的。

（2）使用 <link/> 链接的 CSS，客户端在浏览网页时先将外部 CSS 文件加载到网页当中，再进行编译显示，所以这种情况下显示出来的网页与用户预期的效果一样，即使网速再慢也是一样的效果。

（3）使用 @import 导入的 CSS 文件，客户端在浏览网页时先将 HTML 结构呈现出来，再把外部 CSS 文件加载到网页当中，当然最终的效果也与使用 <link/> 链接文件的效果一样，只是当网速较慢时会先显示没有 CSS 统一布局的 HTML 网页，这样就会给用户很不好的感觉。这也是目前大多数网站采用链接外部样式表的主要原因。

（4）由于 @import 是 CSS 2.1 中特有的，因此对于不兼容 CSS 2.1 的浏览器来说就是无效的。

综合以上几个方面的因素，大家可以发现，现在大多数网站还是比较喜欢使用链接外部样式表的方式引用外部 CSS 文件的。

外部样式表实现了样式和结构的彻底分离，一个外部样式表文件可以应用于多个页面。当改变这个样式表文件时，所有页面的样式都会随之改变。这在制作大量相同样式页面的网站时非常有用，不仅减少了重复的工作量，利于保持网站的统一样式和网站维护，同时用户在浏览网页时也减少了重复下载代码的次数，提高了网站的速度。

4．样式优先级

前面一开始就提到 CSS 的全称为层叠样式表，因此对于页面中的某个元素，它允许同时应用多个样式（即叠加），页面元素最终的样式即为多个样式的叠加效果。但这存在一个问题——当同时应用上述的 3 类样式时，页面元素将同时继承这些样式，但样式之间如有冲突，应继承哪种样式？这就存在样式优先级的问题。同理，从选择器的角度来看，当某个元素同时应用标签选择器、ID 选择器、类选择器定义的样式时，也存在样式优先级的问题。CSS 中规定的优先级规则如下。

- 行内样式 > 内部样式表 > 外部样式表。
- ID 选择器 > 类选择器 > 标签选择器。

行内样式 > 内部样式表 > 外部样式表，即"就近原则"。如果同一个选择器中样式声明层叠，那么后写的会覆盖先写的样式，即后写的样式优先于先写的样式。

案例：外部样式表的使用

需求描述

使用链接外部样式表的方法完成案例，实现的页面效果见图 1.24。

- 第一行字体大小为 20，颜色红色，使用标签选择器实现。
- 第二行字体大小为 24，颜色绿色，使用类选择器实现。
- 第三行字体大小为 28，颜色黑色，使用 ID 选择器实现。

图 1.24　外部样式表的使用

实现步骤

①新建 HTML 文件 index.html、样式表文件 style.css。

②设置标签 <p> 选择器样式、类选择器样式、ID 选择器样式。

③在 index.html 中链接外部样式表 style.css。

本章总结

- HTML 文件的基本结构包括页面声明、页面基本信息、页面头部和页面主体等。
- 网页基本标签包括标题标签 <h1> ～ <h6>、段落标签 <p>、水平线标签 <hr/>、换行标签
 等。
- 插入图片时使用标签 <img/>，要求 src 和 alt 属性必选。
- 超链接 <a> 标签用于建立页面间的导航链接，链接可分为页面间链接、锚链接、功能性链接。
- CSS 语法规则，使用 <style> 标签引入 CSS 样式。
- CSS 选择器分为标签选择器、类选择器和 ID 选择器。
- 在 HTML 中引入 CSS 样式的 3 种方式分别是行内样式、内部样式表和外部样式表，其中外部样式表使用 <link/> 标签链接外部 CSS 文件。CSS 样式的优先级依据就近原则。

本章作业

1. 制作聚美优品常见问题页面，页面标题和问题使用标题标签完成，问题答案使

用段落标签完成，客服温馨提示部分与问题列表之间使用水平线分隔，完成效果如图
1.25 所示。

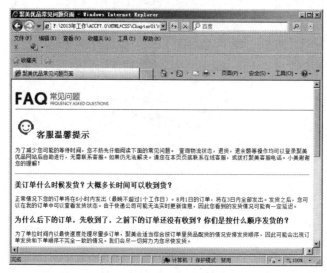

图 1.25　聚美优品常见问题页面

2．使用 CSS 制作网页有哪些优势？

3．使用 <style> 标签和 style 属性引入 CSS 样式有哪些相同点和不同点？

第2章

给网页整容

技能目标

- 掌握 CSS 的文本和字体样式
- 掌握 CSS 背景和列表样式

本章导读

本章从基础的文字样式设置开始，详细讲解使用 CSS 设置文字的各种效果，文字与图片的混排效果，使用 CSS 设置超链接的各种方式，最后讲解网页中背景颜色、背景图片的各种设置方法和列表样式的设置方法。

通过本章的学习，可以对网页的文本、图片、列表、超链接设置各种各样的效果，使网页看起来美观大方、赏心悦目。

知识服务

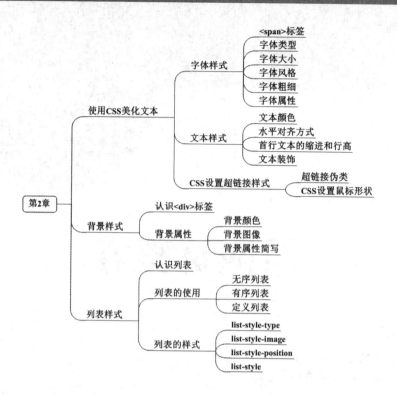

2.1　使用 CSS 美化文本

在网页上看到最多的就是文字，那么文字在网页中除了传递信息外，还有其他什么意义呢？大家请先看图 2.1 所示的某购书网站中优惠的页面内容，看完之后请你描述一下看到了什么。

图 2.1　购书网站广告页

"5 元""优惠码""最好""青春巨作""曾少年"，是不是这几组文字最能抓住你的眼球，同时也是直击你心灵的呢？为什么大家看完后能记起的都差不多呢？

经过分析可以看出，大家看到的都是字体较大的、经过 CSS 美化的文本，这些文本突出了页面的主题。因此使用 CSS 美化网页文本具有如下意义。

● 有效地传递页面信息。

- 使用 CSS 美化页面文本，能使页面更漂亮、美观，吸引用户。
- 可以很好地突出页面的主题内容，使用户第一眼就可以看到页面的主要内容。
- 具有良好的用户体验。

下面我们就进入文本的美化学习。

2.1.1　字体样式

文字是网页最重要的组成部分，通过文字可以传递各种信息，因此本节将学习使用 CSS 设置字体大小、字体类型、文字颜色、字体风格等字体样式，通过 CSS 设置文本段落的对齐方式、行高、文本与图片的对齐方式，以及文字缩进方式来排版网页。

1．<span> 标签

在前面的章节中，已经学习了很多 HTML 标签，知道了使用标题标签、段落标签、列表、表格来编辑文本，那么现在想要将一个 <p> 标签内的几个文字或者某个词语凸显出来，应该如何解决呢？这时 <span> 标签就闪亮登场了。

在 HTML 中，<span> 标签是被用来组合 HTML 文档中的行内元素的，它没有固定的格式表示，只有对它应用 CSS 样式时，它才会产生视觉上的变化。例如，示例 1 中的文本 "24*7" "IT 梦想" 和 "在线学习" 突出显示，就是 <span> 标签的作用。

✪ 示例 1

```
<!DOCTYPE html>
<html lang="en">
<head>
<meta charset="UTF-8">
<title>span 标签的应用 </title>
<style type="text/css">
p{font-size:14px;}
p .show,.bird span{font-size:36px; font-weight:bold; color:blue;}
p #dream{font-size:24px; font-weight:bold; color:red;}
</style>
</head>
<body>
<p> 享受 <span class="show">"24*7"</span> 全天候服务 </p>
<p> 在你身后，有一群人默默支持你成就 <span id="dream">IT 梦想 </span></p>
<p class="bird"> 选择 <span> 在线学习 </span>，成就你的梦想 </p>
</body>
</html>
```

由上面的代码可以看出，使用 CSS 为 <span> 标签添加样式，既可以使用类选择器和 ID 选择器，也可以使用标签选择器，在浏览器中打开的页面显示效果如图 2.2 所示。

由页面效果图可以看出，<span> 标签可以为 <p> 标签中的部分文字添加样式，而且不会改变文字的显示方向。它不会像 <p> 标签和标题标签那样，每对标签独占一个矩形区域。

有了对 span 的了解，我们现在就可以进入字体样式的学习了。

CSS 字体属性定义字体类型、字体大小、字体是否加粗、字体风格等，常用的字体属性、含义及用法如表 2-1 所示。

为了帮助大家深入地理解这几个常用的字体属性，在实际应用中灵活地运用这些字体属性，使网页中的文本发挥它的最大作用，下面对这几个字体属性进行详细介绍。

图 2.2　<span> 标签显示效果

表 2-1　常用字体属性

属性名	含义	举例
font-family	设置字体类型	font-family:" 隶书 ";
font-size	设置字体大小	font-size:12px;
font-style	设置字体风格	font-style:italic;
font-weight	设置字体的粗细	font-weight:bold;
font	在一个声明中设置所有字体属性	font:italic bold 36px " 宋体 ";

2．字体类型

在 CSS 中字体类型是通过 font-family 属性来控制的。例如，需要将 HTML 所有 <p> 标签中的英文和中文分别使用 Verdana 和楷体字体显示，则可以通过标签选择器来定义 <p> 标签中元素的字体样式，其 CSS 设置如下所示。

```
p{font-family:Verdana," 楷体 ";}
```

font-family 属性，可以同时声明多种字体，字体之间用英文输入模式下的逗号分隔开。另外，一些字体的名称中间会出现空格，如 Times New Roman 字体，或者中文，如楷体，这时需要用双引号将其引起来，使浏览器知道这是一种字体的名称。

◉) 注意

（1）当需要同时设置英文字体和中文字体时，一定要将英文字体设置在中文字体之前，如果中文字体设置于英文字体之前，英文字体设置将不起作用。

（2）在实际网页开发中，网页中的文本如果没有特殊要求，通常设置为"宋体"；宋体是计算机中默认的字体，如果需要其他比较炫的字体则使用图片来替代。

3．字体大小

在网页中，通过文字的大小来突出主体是非常常用的方法，CSS 是通过 font-size 属性来控制文字大小的，常用的单位是 px（像素），在 font.css 文件中设置 <h1> 标签字体大小为 24px，<h2> 标签字体大小为 16px，<p> 标签字体大小为 12px，代码如下所示。

```
body{font-family: Times,"Times New Roman", " 楷体 ";}
h1{font-size:24px;}
h2{font-size:16px;}
p{font-size:12px;}
```

在 CSS 中设置字体大小还有一些其他的单位，如 in、cm、mm、pt、pc，有时也会用百分比（%）来设置字体大小，但是在实际的网页制作中，这些单位并不常用，因此这里不过多讲解。

现在以一个常见的购物商城商品分类的页面来演示一下字体类型的效果，页面代码如示例 2 所示。

☺ 示例 2

```
……
<body>
<h1> 京东商城——全部商品分类 </h1>
<h2> 图书、音像、电子书刊 </h2>
<p><span> 电子书刊 </span> 电子书网络原创数字杂志多媒体图书目 <br/>
<span> 音像 </span> 音乐影视教育音像 <br/>
<span> 经管励志 </span> 经济金融与投资管理励志与成功 </p>
<h2> 家用电器 </h2>
<p><span> 大家电 </span> 平板电视空调冰箱 DVD 播放机 <br/>
<span> 生活电器 </span> 净化器电风扇饮水机电话机 </p>
……
```

上面是商品分类页面的 HTML 代码，从代码中可以看到，页面标题放在 <h1> 标签中，商品分类名称放在 <h2> 标签中，商品分类内容放在 <p> 标签中，而商品分类中的小分类放在 <span> 标签中。了解了页面的 HTML 代码，下面使用外部样式表的方式创建 CSS 样式，样式表名称为 font.css，由于页面中所有文本均在 <body> 标签中，因此设置 <body> 标签中所有字体样式如下。

```
body{font-family: Times,"Times New Roman", " 楷体 ";}
```

在浏览器中查看页面，效果如图 2.3 所示，页面中中文字体为"楷体"，由于作者计算机中没有字体"Times"，因此页面中的英文字体显示为"Times New Roman"。

4．字体风格

人们通常会用高、矮、胖、瘦、匀称来形容一个人的外形特点，字体也是一样的，也有自己的外形特点，如倾斜、正常，这些都是字体的外形特点，也就是通常所说的字体风格。

在 CSS 中，使用 font-style 属性设置字体的风格，font-style 属性有 3 个值，分别是 normal、italic 和 oblique，这 3 个值分别告诉浏览器显示标准的字体样式、斜体字体样式、倾斜的字体样式，font-style 属性的默认值为 normal。其中 italic 和 oblique 在页面中显示的效果非常相似。

为了看 italic 和 oblique 的效果，在 HTML 页面中标题代码增加 <span> 标签，修改代码如下所示。

```
<h1> 京东商城——<span> 全部商品分类 </span></h1>
```

在 font.css 中增加字体风格的代码，如下所示。

```
body{font-family: Times,"Times New Roman", " 楷体 ";}
h1{font-size:24px; font-style:italic;}
h1 span{font-style:oblique;}
h2{font-size:16px; font-style:normal;}
p{font-size:12px;}
```

在浏览器中查看的页面效果如图 2.4 所示，标题全部斜体显示，italic 和 oblique 两个值的显示效果有点相似，而 normal 显示字体的标准样式，因此依然显示 <h2> 标准的字体样式。

图 2.3　字体类型页面效果图

图 2.4　字体风格效果图

5. 字体粗细

在网页中字体加粗突出显示也是一种常用的字体效果。CSS 中使用 font-weight 属性控制文字粗细，重要的是 CSS 可以将本身是粗体的文字变为正常粗细。font-weight 属性的值如表 2-2 所示。

表 2-2　font-weight 属性的值

值	说明
normal	默认值，定义标准的字体
bold	粗体字体
bolder	更粗的字体
lighter	更细的字体
100、200、300、400、500、600、700、800、900	定义由细到粗的字体，400 等同于 normal，700 等同于 bold

现在修改 font.css 样式表中的字体样式，代码如下所示。

```
body{font-family: Times,"Times New Roman", " 楷体 ";}
h1{font-size:24px; font-style:italic;}
h1 span{font-style:oblique; font-weight:normal;}
h2{font-size:16px; font-style:normal;}
p{font-size:12px;}
p span{font-weight:bold;}
```

在浏览器中查看的页面效果如图 2.5 所示，标题后半部分变为字体正常粗细显示，商品分类中的小分类字体加粗显示。font-weight 属性也是 CSS 设置网页字体时常用的一个属性，通常用来突出显示字体。大家在课下练习使用 font-weight 属性的各种值，然后在浏览器中查看效果，以增加对 font-weight 属性的理解。

图 2.5　字体粗细效果图

6. 字体属性

在前面讲解的几个字体属性都是单独使用的，实际上在 CSS 中如果对同一部分的字体设置多种字体属性时，需要使用 font 属性来进行声明，即利用 font 属性一次设置字体的所有属性，各个属性之间用英文空格分开，但需要注意这几种字体属性的顺序依次为字体风格→字体粗细→字体大小→字体类型。

例如，在上面的例子中，<p> 标签中嵌套的 <span> 标签设置了字体的类型、大小、风格和粗细，使用 font 属性可表示如下。

```
p span{font:oblique bold 12px " 楷体 ";}
```

以上讲解了字体在网页中的应用，这些都是针对文字设置的。但是在网页实际应用中，使用最为广泛的元素，除了字体之外，就是由一个个字体形成的文本，大到网络小说、新闻公告，小到注释说明、温馨提示、网页中的各种超链接等，这些都是互联网中最常见的文本形式。

如果要使用 CSS 把网页中的文本设置得非常美观和漂亮，该如何设置呢？这就需要下面的知识——使用 CSS 排版网页文本。

2.1.2　文本样式

在网页中，用于排版网页文本的样式有文本颜色、水平对齐方式、首行缩进、行高、文本装饰、垂直对齐方式。常用的文本属性、含义及用法如表 2-3 所示。

表 2-3　文本属性

属性	含义	举例
color	设置文本颜色	color:#00C;
text-align	设置元素水平对齐方式	text-align:right;
text-indent	设置首行文本的缩进	text-indent:20px;
line-height	设置文本的行高	line-height:25px;
text-decoration	设置文本的装饰	text-decoration:underline;

在这几种文本属性中，大家对 color 属性已不陌生，其他的属性对大家来说是全新的内容。下面详细讲解并演示这几种属性在网页中的用法。

1. 文本颜色

在 HTML 页面中，颜色统一采用 RGB 格式，也就是通常人们所说的"红绿蓝"三原色模式。每种颜色都由这 3 种颜色的不同比例组成，按十六进制的方法表示，如"#FFFFFF"表示白色、"#000000"表示黑色、"#FF0000"表示红色。在这种十六进制的表示方法中，前两位表示红色分量，中间两位表示绿色分量，最后两位表示蓝色分量。

在网页制作中基本上使用十六进制方法表示颜色。使用十六进制可以表示所有的颜色，如"#A983D8""#95F141""#396""#906"等。从这些小例子中可以看到，有的颜色为 6 位，有的为 3 位，为什么？用 3 位表示颜色值是颜色属性值的简写，当这 6 位颜色值相邻数字两两相同时，可两两缩写为一位，如"#336699"可简写为"#369"，"#EEFF66"可简写为"#EF6"。

下面以京东新闻资讯页面为例来演示文本颜色，页面的 HTML 代码如示例 3 所示，页面中的主体内容放在 <p> 标签内，时间放在 <span> 标签内。

⊙ 示例 3

```
……
<body>
<h1> 看不见的完美硬币：细节的负担 </h1>
<h2> 创新公司皮克斯的启示 </h2>
<p >2015 年 05 月 05 日 <span class="second">17:47</span></p>
<p><img src="img/book.jpg" alt=" 图书 "/></p>
<p> 细节从来都是个好东西，完美的细节往往给我们赢得商业上的胜利。</p>
……
```

现在使用 color 属性设置时间数字颜色为红色，CSS 代码如下所示。

```
.second{color:#FF0000;}
```

在浏览器中查看页面效果如图 2.6 所示，页面上的时间数字颜色为红色。

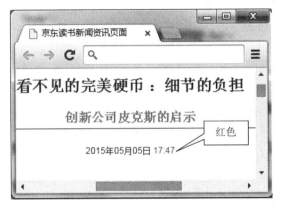

图 2.6　文本颜色效果图

2．水平对齐方式

在 CSS 中，文本的水平对齐是通过 text-align 属性来控制的，通过它可以设置文本左对齐、居中对齐、右对齐和两端对齐。text-align 属性常用值如表 2-4 所示。

表 2-4　text-align 属性常用值

值	说明
left	把文本排列到左边，默认值，由浏览器决定
right	把文本排列到右边
center	把文本排列到中间
justify	实现两端对齐文本效果

通常大家浏览网页新闻页面时会发现，标题或副标题居中显示，新闻发布时间会居中或居右显示，现在通过 text-align 属性设置标题、时间居中显示，CSS 代码如下所示。

```
h1{font-size:22px;color:#333;font-family:arial," 宋体 ";text-align:center;}
```

在浏览器中查看页面效果如图 2.6 所示，各部分内容显示效果与 CSS 设置效果完全一致。

3．首行文本的缩进和行高

在使用 word 编辑文档时，通常会设置段落的行距，并且段落的首行缩进两个字符，在 CSS 中也有这样的属性来实现对应的功能。CSS 中通过 line-height 属性来设置行高，通过 text-indent 属性设置首行缩进。

line-height 属性的值与 font-size 属性的值一样，也是以数字来表示的，单位也是 px。除了使用像素表示行高外，也可以不加任何单位，按倍数表示，这时行高是字体大小的倍数。例如，<p> 标签中的字体大小设置为 12px，它的行高设置为"line-height:1.5;"，那么它的行高换算为像素则是 18px。这种不加任何单位的方法在实际网页制作中并不常用，通常使用像素的方法表示行高。

在 CSS 中，text-indent 直接将缩进距离以数字表示，单位为 em 或 px。但是对于中文网页，em 用得较多，通常设置为"2em"，表示缩进两个字符，如 p{text-indent:2em;}。

这里缩进距离的单位 em 是相对单位，其表示的长度相当于本行中字符的倍数。无论字体的大小如何变化，它都会根据字符的大小自动适应，空出设置字符的倍数。

按照中文排版的习惯，通常要求段首缩进两个字符，因此，在进行段落排版，通过 text-indent 属性设置段落缩进时，使用 em 为单位的值再合适不过了。

根据中文排版的习惯，上面京东新闻资讯页面段首没有缩进，并且行与行之间没有距离，显得非常拥挤，那么这两个属性就派上用场了。CSS 代码如下所示。

```
p{text-indent:2em;color:#333;line-height:1.8;font-size:14px;font-family:arial," 宋体 ";}
```

4．文本装饰

网页中经常发现一些文字有下划线、删除线等，这些都是文本的装饰效果。在 CSS 中是通过 text-decoration 属性来设置文本装饰的。表 2-5 列出了 text-decoration 常用值。

表 2-5　text-decoration 常用值

值	说明
none	默认值，定义的标准文本
underline	设置文本的下划线
overline	设置文本的上划线
line-through	设置文本的删除线
blink	设置文本闪烁。此值只在 Firefox 浏览器中有效，在 IE 中无效

text-decoration 属性通常用于设置超链接的文本装饰，因此这里不详细讲解，大家知道每个值的用法即可。在后面讲解使用 CSS 设置超链接样式时，会经常用到这些属性。

其中 none 和 underline 是常用的两个值。

2.1.3 CSS 设置超链接样式

在任何一个网页上，超链接都是最基本的元素，通过超链接能够实现页面的跳转、功能的激活等，因此超链接也是与用户打交道最多的元素之一，下面介绍如何使用 CSS 设置超链接的样式。

1.超链接伪类

在前面的章节已经学习了超链接的用法，作为 HTML 中常用的标签，超链接的样式有其显著的特殊性：当为某文本或图片设置超链接时，文本或图片标签将继承超链接的默认样式。如图 2.7 所示，文字添加超链接后将出现下划线，图片添加超链接后将出现边框，单击链接前文本颜色为蓝色，单击后文本颜色为紫色。

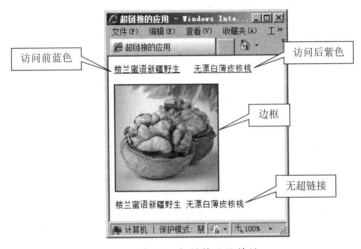

图 2.7 超链接默认特性

超链接单击前和单击后的不同颜色，其实是超链接的默认伪类样式。所谓伪类，就是不根据名称、属性、内容而根据标签处于某种行为或状态时的特征来修饰样式，也就是说超链接将根据用户未单击访问前、鼠标悬浮在超链接上、单击未释放、单击访问后的 4 个状态显示不同的超链接样式。伪类样式的基本语法为"标签名 : 伪类名 { 声明 ;}"，如图 2.8 所示。

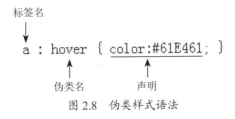

图 2.8 伪类样式语法

最常用的超链接伪类如表 2-6 所示。

表 2-6　常用超链接伪类

伪类名称	含义	示例
a:link	未单击访问时的超链接样式	a:link{color:#9EF5F9;}
a:visited	单击访问后的超链接样式	a:visited{color:#333;}
a:hover	鼠标悬浮其上的超链接样式	a:hover{color:#FF7300;}
a:active	鼠标单击未释放的超链接样式	a:active{color:#999;}

　　既然超链接伪类有 4 种，那么在对超链接设置样式时，有没有顺序区别？当然有了，在 CSS 设置伪类的顺序为 a:link → a:visited → a:hover → a:active，如果先设置"a:hover"再设置"a:visited"，在 IE 中"a:hover"就不起作用了。

　　现在大家想一个问题，如果设置 4 种超链接样式，那么页面上超链接的文本样式就有 4 种，这样就与大家浏览网页时常见的超链接样式不一样了，大家在上网时看到的超链接无论单击前还是单击后样式都是一样的，只有鼠标悬浮在超链接上的样式有所改变，为什么？

　　大家可能想到的是，"a:hover"设置一种样式，其他 3 种伪类设置一种样式。是的，这样设置确实能实现网上常见的超链接效果，但是在实际的开发中，是不会这样设置的。实际页面开发中，仅设置两种超链接样式，一种是超链接 a 标签选择器样式，另一种是鼠标悬浮在超链接上的样式，代码如示例 4 所示。

　　✪ 示例 4

```
……
<style type="text/css">
img {border:0px;}
p {font-size:12px;}
a {
    color:#000;
    text-decoration:none;        ——▶超链接无下划线
}
a:hover {
    color:#B46210;
    text-decoration:underline;   ——▶鼠标悬浮在超链接上时显示下划线
}
</style>
</head>
<body>
<p><a href="#"><img src="image/hetao.jpg" alt=" 无漂白薄皮核桃 "/></a></p>
<p><a href="#"> 楼兰蜜语新疆野生 </a>  <a href= "#"> 无漂白薄皮核桃
</a></p>
<p><span>500gx2 包￥48.8</span></p>
</body>
</html>
```

　　在浏览器中查看的页面效果如图 2.9 所示，鼠标悬浮在超链接上时显示下划线，

并且字体颜色为 #B46210，鼠标没有悬浮在超链接上时无下划线，字体颜色为黑色。

图 2.9　超链接样式效果图

　　a 标签选择器样式表示超链接在任何状态下都是这种样式，而之后设置 a:hover 超链接样式，表示当鼠标悬浮在超链接上时显示的样式，这样既减少了代码量，使代码看起来一目了然，也实现了想要的效果。

2．CSS 设置鼠标形状

　　在浏览网页时，通常看到的鼠标指针形状有箭头、手形和 I 字形，这些效果都是 CSS 通过 cursor 属性设置的各式各样的鼠标指针样式。cursor 属性可以在任何选择器中使用，用来改变各种页面元素的鼠标指针效果。cursor 属性常用值如表 2-7 所示。

表 2-7　cursor 属性常用值

值	说明	图例
default	默认光标	
pointer	超链接的指针	
wait	指示程序正在忙	
help	指示可用的帮助	
text	指示文本	
crosshair	鼠标呈现十字状	

　　cursor 属性的值有许多，大家根据页面制作的需要来选择使用合适的值即可。但是在实际网页制作中，常用的属性只有 pointer，它通常用于设置按钮的鼠标形状，或者设置某些文本在鼠标悬浮时的形状。例如，当鼠标移至示例 4 页面中没有加超链接的文本上时，鼠标呈现手状，则需要为页面中的 <span> 标签增加如下 CSS 代码。

```
span{cursor:pointer;}
```

　　在浏览器中查看的页面效果如图 2.10 所示，当鼠标移至文本 "500gx2 包￥48.8"

上时，鼠标变成了手状，这就表示添加的代码生效了。

图 2.10　鼠标形状

2.2　背景样式

大家在上网时能看到各种各样的页面背景（background），有页面整体的图像背景、颜色背景，也有部分的图像背景、颜色背景等。

总之，只要浏览网页，背景在网页中无处不在，如图 2.11 所示的网页菜单导航背景、图标背景，如图 2.12 所示的文字背景、标题背景、图片背景、列表背景等。所有这些背景都为浏览者带来了丰富多彩的视觉感受，以及良好的用户体验。

图 2.11　菜单导航背景

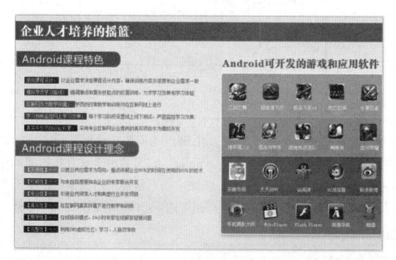

图 2.12　文本和列表背景

通过上面的几个页面展示，大家已经看到背景是网页中最常用的一种技术，无论是单纯的背景颜色，还是背景图像，都能为整体页面带来丰富的视觉效果。既然背景如此重要，那么下面就详细介绍背景在网页中的应用。

2.2.1　认识 <div> 标签

在学习背景属性之前，先认识一个网页布局中常用的标签——<div> 标签。<div> 标签可以把 HTML 文档分割成独立的、不同的部分，因此 <div> 标签用来进行网页布局。<div> 标签与 <p> 标签一样，也是成对出现的，它的语法如下。

 网页内容……

只有在使用了 CSS 样式后，对 <div> 进行控制，它才能像报纸、杂志版面的信息块那样，对网页进行排版，制作出复杂多样的网页布局来。此外，在使用 <div> 布局页面时，它可以嵌套 <div>，同时也可以嵌套列表、段落等各种网页元素。

关于使用 CSS 控制 <div> 标签进行网页布局，将在后续的章节中讲解。本章先认识使用 CSS 中控制网页元素宽、高的两个属性，分别是 width 和 height。这两个属性的值均以数字表示，单位为 px。例如，设置页面中 id 名称为 header 的 <div> 的宽和高，代码如下所示。

```
#header {
    width:200px;
    height:280px;
}
```

2.2.2　背景属性

在 CSS 中，背景包括背景颜色（background-color）和背景图像（background-image）两种方式，下面分别进行介绍。

1．背景颜色

在 CSS 中，使用 background-color 属性设置字体、<div>、列表等网页元素的背景颜色，其值的表示方法与 color 的表示方法一样，也是采用十六进制，但是它有一个特殊值——transparent，即透明的意思，它是 background-color 属性的默认值。

理解了 background-color 的用法，现在制作某购物网站的商品分类导航，导航标题和导航内容使用不同的颜色显示，页面的 HTML 代码和 CSS 代码如示例 5 所示。

✪ 示例 5

```
……
<title> 背景颜色 </title>
<link href="css/background.css" rel="stylesheet" type="text/css" />
</head>
```

```
<body>
<div id="nav">
<div class="title"> 全部商品分类 </div>
<ul>
……
<li><a href="#"> 电脑 </a> <a href="#"> 办公 </a></li>
<li><a href="#"> 家居 </a> <a href="#"> 家装 </a> <a href="#"> 厨具
</a></li>
<li><a href="#"> 服饰鞋帽 </a> <a href="#"> 个护化妆 </a></li>
……
</ul>
</div>
</body>
</html>
```

　　从 HTML 代码中可以看到，页面内的所有内容都在 id 为 nav 的 <div> 中包含着，导航标题在类名为 title 的 <div> 中，导航内容在无序列表中，下一步就是根据 HTML 代码编写 CSS 样式，首先设置最外层 <div> 的宽度、背景颜色，然后设置导航标题的背景颜色、字体样式，最后设置导航内容的样式，代码如下所示。

```
#nav {
    width:230px;                          /* 最外层 <div> 的宽度 */
    background-color:#D7D7D7;             /* 最外层 <div> 的背景颜色 */
}
.title {
    background-color:#C00;                /* 导航标题的背景颜色 */
    font-size:18px;
    font-weight:bold;
    color:#FFF;
    text-indent:1em;                      /* 导航标题缩进一个字符 */
    line-height:35px;
}
#nav ul li {                              /* 导航内容的样式 */
    height:25px;
    line-height:25px;
}
a {                                       /* 超链接样式，字体黑色，无下划线 */
    font-size:14px;
    text-decoration:none;
    color:#000;
}
a:hover {                                 /* 鼠标悬浮于超链接上时出现下划线，字体颜色改变 */
    color:#F60;
    text-decoration:underline;
}
```

在浏览器中查看的页面效果如图 2.13 所示，导航标题背景颜色为红色，导航内容背景颜色为灰色。

图 2.13　背景颜色页面效果图

> **注意**
>
> 在 CSS 中的注释符号是 "/*……*/"，把注释内容放在 "/*" 与 "*/" 之间，注释的内容将不起作用。

2. 背景图像

在网页中不仅能为网页元素设置背景颜色，还可以使用图像作为某个元素的背景，如整个页面的背景使用背景图像设置。CSS 中使用 background-image 属性设置网页元素的背景图像。

在网页中设置背景图像时，通常会与背景定位（background-position）和背景重复（background-repeat）方式两个属性一起使用，下面详细介绍这几个属性。

1）背景图像

使用 background-image 属性设置背景图像的方式是 background-image:url(图片路径);。在实际工作中，图片路径通常写相对路径。此外，background-image 还有一个特殊的值，即 none，表示不显示背景图像，只是实际工作中这个值很少用。

2）背景重复方式

如果仅设置了 background-image，那么背景图像默认自动向水平和垂直两个方向重复平铺。如果不希望图像平铺，或者只希望图像沿着一个方向平铺，使用 background-repeat 属性来控制，该属性有 4 个值来实现不同的平铺方式。

repeat：沿水平和垂直两个方向平铺。

no-repeat：不平铺，即背景图像只显示一次。

repeat-x：只沿水平方向平铺。

repeat-y：只沿垂直方向平铺。

在实际工作中，repeat 通常用于小图片铺平整个页面的背景或铺平页面中某一块内容的背景；no-repeat 通常用于小图标的显示或只需要显示一次的背景图像；repeat-x 通常用于导航背景、标题背景；repeat-y 在页面制作中并不常用。如图 2.14 所示的网页中，页面整体内容背景是一个圆角矩形图像，仅显示一次；搜索按钮下方为水平方向平铺的背景；左侧写信前的背景小图标和搜索框中的背景搜索图标均只显示一次。

图 2.14　背景图像重复方式

3）背景定位

在 CSS 中，使用 background-position 来设置图像在背景中的位置。背景图像默认从被修饰的网页元素的左上角开始显示图像，但也可以使用 background-position 属性设置背景图像出现的位置，即背景出现一定的偏移量。可以使用具体数值、百分比、关键词 3 种方式表示水平和垂直方向的偏移量，如表 2-8 所示。

表 2-8　background-position 属性对应的取值

值	含义	示例
Xpos Ypos	使用像素值表示，第一个值表示水平位置，第二个值表示垂直位置	（1）0px 0px（默认，表示从左上角出现背景图像，无偏移） （2）30px 40px（正向偏移，图像向下和向右移动） （3）-50px -60px（反向偏移，图像向上和向左移动）
X% Y%	使用百分比表示背景的位置	30% 50%（垂直方向居中，水平方向偏移 30%）

值	含义	示例
X、Y 方向关键词	使用关键词表示背景的位置，水平方向的关键词有 left、center、right，垂直方向的关键词有 top、center、bottom	使用水平和垂直方向的关键词进行自由组合，如省略，则默认为 center。例如： right top（右上角出现） left bottom（左下角出现） top（上方水平居中位置出现）

设置背景图像的几个属性值已经了解了，现在给上面完成的商品分类导航添加背景图像，给导航标题右侧添加向下指示的三角箭头，给每行的导航菜单添加向右指示的三角箭头，HTML 代码不变，在 CSS 中添加背景图像样式，添加的代码如示例 6 所示。

✪ 示例 6

```
.title {
    background-color:#C00;
    font-size:18px;
    font-weight:bold;
    color:#FFF;
    text-indent:1em;
    line-height:35px;
    background-image:url(../image/arrow-down.gif);
    background-repeat:no-repeat;
    background-position:205px 10px;
}
#nav ul li {
    height:30px;
    line-height:25px;
    background-image:url(../image/arrow-right.gif);
    background-repeat:no-repeat;
    background-position:170px 2px;
}
```

在浏览器中查看添加了背景图像的页面效果如图 2.15 所示。

图 2.15　背景图像页面效果图

3. 背景属性简写

如同之前讲解过的 font 属性，在 CSS 中可以把多个属性综合声明实现简写一样，背景样式的 CSS 属性也可以简写，使用 background 属性简写背景样式。

上面在类 title 样式中声明导航标题的背景颜色和背景图像使用了 4 条规则，使用 background 属性简写后的代码如下。

```
.title {
    font-size:18px;
    font-weight:bold;
    color:#FFF;
    text-indent:1em;
    line-height:35px;
    background:#C00 url(../image/arrow-down.gif) 205px 10px no-repeat;
}
```

从上述代码中可以看到，使用 background 属性可以减少许多代码，在后期的 CSS 代码维护中会非常方便，因此建议使用 background 属性来设置背景样式。

2.3　列表样式

在网页制作中，列表有很多使用的场合，如常见的树形可折叠菜单、购物网站的商品展示等。既然列表可以发挥如此巨大的作用，那么下面首先来了解一下什么是列表。

2.3.1　认识列表

什么是列表？简单来说，列表就是数据的一种展示形式。图 2.16 所示的数据信息就是采用列表完成的。

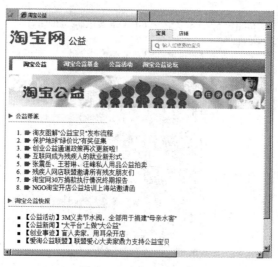

图 2.16　淘宝公益信息

除了图 2.16 所示的页面效果以外，在不同的场合使用列表有不同的效果。例如，在百度词典中，对于提问的解释也可以使用列表来完成，如图 2.17 所示。

图 2.17 百度词典

通过以上的介绍，相信大家大致了解了什么是列表，列表可以做什么。那么接下来再来看看在 HTML 中，列表是如何进行分类的。

HTML 支持的列表形式总共有以下 3 种。

● 无序列表

无序列表是一个项目列表，使用项目符号标记无序的项目。在无序列表中，各个列表项之间没有顺序级别之分，它通常使用一个项目符号作为每个列表项的前缀。

● 有序列表

有序列表也由一个个列表项组成，列表项目既可以使用数字标记，也可以使用字母标记。

● 定义列表

定义列表是当无序列表和有序列表都不适合时，通过自定义列表来完成数据展示，所以定义列表不仅仅是一个项目列表，而是项目及其注释的组合。定义列表在使用时，在每一列项目前不会添加任何标记。

2.3.2 列表的使用

通过前面的列表介绍，大家已经了解了 HTML 中列表的作用及使用列表的效果。那么，该如何使用列表呢？这就是下面将要讲解的内容——列表的使用方法。

1. 无序列表

无序列表使用 `<ul>` 和 `<li>` 标签组成，`<ul>` 标签作为无序列表的声明，`<li>` 标签作为每个列表项的起始，在浏览器中查看到的页面效果如图 2.18 所示，可以看到 3 个列表项前面均有一个实体圆心。

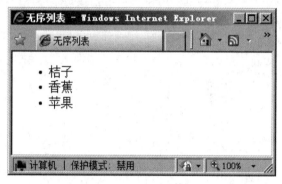

图 2.18　无序列表

图 2.18 所示页面对应的代码实现如示例 7 所示。

✪ 示例 7

```
<body>
<h4> 无序列表 </h4>
<ul>
<li> 桔子 </li>
<li> 香蕉 </li>
<li> 苹果 </li>
</ul>
</body>
```

如果希望使用无序列表时，列表项前的项目符号改用其他的项目符号，怎么办呢？`<ul>` 标签有一个 type 属性，这个属性的作用就是指定在显示列表时所采用的项目符号类型。type 属性的取值不同，显示的项目符号的形状也不同，取值说明如表 2-9 所示。

表 2-9　type 属性的取值说明

取值	说明
disc	项目符号显示为实心圆，默认值
square	项目符号显示为实心正方形
circle	项目符号显示为空心圆

在示例 8 中分别使用了 type 属性的不同取值来定义列表的项目符号显示。

✪ 示例 8

```
<ul type="circle">
<li> 桔子 </li>
<li> 香蕉 </li>
<li> 苹果 </li>
</ul>
<h4>type=disc 时的无序列表: </h4>
<ul type="disc">
<li> 桔子 </li>
<li> 香蕉 </li>
<li> 苹果 </li>
</ul>
<h4>type=square 时的无序列表: </h4>
<ul type="square">
<li> 桔子 </li>
<li> 香蕉 </li>
<li> 苹果 </li>
</ul>
</body>
```

在浏览器中查看页面效果，如图 2.19 所示。

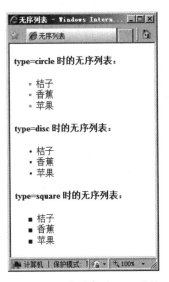

图 2.19　无序列表的 type 属性

2. 有序列表

有序列表与无序列表的区别就在于，有序列表的各个列表项有先后顺序，所以会使用数字进行标识。有序列表由 <ol> 和 <li> 标签组成，使用 <ol> 标签作为有序列表的声明，<li> 标签作为每个列表项的起始。

有序列表的代码应用如示例 9 所示。

⚙ 示例 9

```
<body>
<p> 有序列表 </p>
<ol>
<li> 桔子 </li>
<li> 香蕉 </li>
<li> 苹果 </li>
</ol>
</body>
```

在浏览器中查看页面效果，如图 2.20 所示。

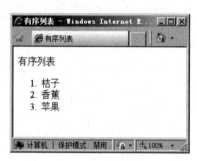

图 2.20 有序列表

与无序列表一样，有序列表的项目符号也可以进行设置。在 <ol> 中也存在一个 type 属性，作用同样是修改项目列表的符号。属性取值说明如表 2-10 所示。

表 2-10 type 属性的取值说明

取值	说明
1（数字）	使用数字作为项目符号
A/a	使用大写 / 小写字母作为项目符号
I/i	使用大写 / 小写罗马数字作为项目符号

type 属性取值不同，会导致列表显示的效果不同，如示例 10 所示的代码。

⚙ 示例 10

```
......
<h4>type=1 时的有序列表 </h4>
<ol type="1">
   <li> 桔子 </li>
   <li> 香蕉 </li>
   <li> 苹果 </li>
</ol>
<h4>type=a 时的有序列表 </h4>
<ol type="a">
   <li> 桔子 </li>
```

```
    <li> 香蕉 </li>
    <li> 苹果 </li>
</ol>
……
```

在浏览器中查看页面效果，如图 2.21 所示。

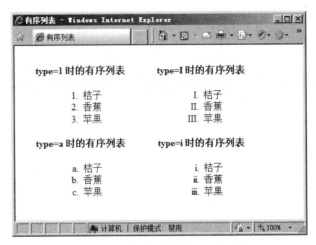

图 2.21　有序列表的 type 属性

3. 定义列表

定义列表是一种很特殊的列表形式，它是标题及注释的结合。定义列表的语法相对于无序和有序列表不太一样，它使用 <dl> 标签作为列表的开始，使用 <dt> 标签作为每个列表项的起始，而对于每个列表项的定义则使用 <dd> 标签来完成。下面以图 2.22 的效果为例，使用定义列表的方式来完成。

图 2.22　定义列表

从图中可以看出，第一行文字"所属学院"类似于一个题目，而第二行文字"计算机应用"属于对第一行题目的解释，这种显示风格就是定义列表，其代码实现如示例 11 所示。

⭐ 示例 11

```
<body>
<dl>
```

```
<dt> 所属学院 </dt>
<dd> 计算机应用 </dd>
<dt> 所属专业 </dt>
<dd> 计算机软件工程 </dd>
</dl>
</body>
```

到这里，已经学习了 HTML 中 3 种列表的使用方式，归纳起来如表 2-11 所示。

表 2-11　3 种列表的比较

类型	说明	项目符号
无序列表	以 \<ul\> 标签来实现 以 \<li\> 标签表示列表项	通过 type 属性设置项目符号 包括 disc（默认）、square 和 circle
有序列表	以 \<ol\> 标签来实现 以 \<li\> 标签表示列表项	通过 type 属性设置项目顺序 包括 1（数字，默认）、A（大写字母）、 a（小写字母）、I（大写罗马数字） 和 i（小写罗马数字）
定义列表	以 \<dl\> 标签来实现 以 \<dt\> 标签定义列表项 以 \<dd\> 标签定义内容	无项目符号或显示顺序

最后总结一下列表常用的一些技巧，包括列表常用场合及列表使用中的注意事项。

● 无序列表中的每项都是平级的，没有级别之分，并且列表中的内容一般都是相对简单的标题性质的网页内容。而有序列表则会依据列表项的顺序进行显示。

● 在实际的网页应用中，无序列表 ul-li 比有序列表 ol-li 应用得更加广泛，有序列表 ol-li 一般用于显示带有顺序编号的特定场合。

● 定义列表 dl-dt-dd 一般适用于带有标题和标题解释性内容或者图片和文本内容混合排列的场合。

2.3.3　列表的样式

在浏览网页时，使用列表组织网页内容是无处不在的。例如，横向导航菜单、竖向菜单、新闻列表、商品分类列表等，基本都是使用 ul-li 结构列表实现的。但是和实际网页应用的导航菜单（如图 2.23 所示）相比，样式方面比较难看，传统网页中的菜单、商品分类使用的列表均没有前面的圆点符号，该如何去掉这个默认的圆点符号呢？

这就用到 CSS 列表属性。CSS 列表有 4 个属性来设置列表样式，分别是 list-style-type、list-style-image、list-style-position 和 list-style。下面分别介绍这 4 个属性。

1．list-style-type

list-style-type 属性设置列表项标记的类型，常用的属性值如表 2-12 所示。

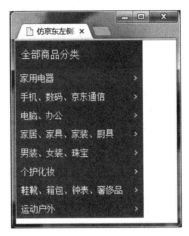

图 2.23　实际应用中的列表

表 2-12　list-style-type 常用属性值

值	说明	语法示例	图示示例
none	无标记符号	list-style-type:none;	刷牙 洗脸
disc	实心圆，默认类型	list-style-type:disc;	●刷牙 ●洗脸
circle	空心圆	list-style-type:circle;	○刷牙 ○洗脸
square	实心正方形	list-style-type:square;	■刷牙 ■洗脸
decimal	数字	list-style-type:decimal;	1.　刷牙 2.　洗脸

2. list-style-image

list-style-image 属性是使用图像来替换列表项的标记，当设置了 list-style-image 后，list-style-type 属性都将不起作用，页面中仅显示图像标记。但是在实际网页浏览中，为了防止个别浏览器可能不支持 list-style-image 属性，都会设置一个 list-style-type 属性以防图像不可用。例如，把某图像设置为列表中的项目标记，代码如下所示。

```
li {
    list-style-image:url(image/arrow-right.gif);
    list-style-type:circle;
}
```

3. list-style-position

list-style-position 属性设置在何处放置列表项标记，它有两个值，即 inside 和 outside。inside 表示项目标记放置在文本以内，且环绕文本根据标记对齐；outside 是默认值，它保持项目标记位于文本的左侧，列表项标记放置在文本以外，且环绕文本不根据标记对齐。例如，设置项目标记在文本左侧，代码如下所示。

```
li {
    list-style-image:url(image/arrow-right.gif);
    list-style-type:circle;
    list-style-position:outside;
}
```

4．list-style

与背景属性一样，设置列表样式也有简写属性。list-style 简写属性表示在一个声明中设置所有列表的属性。list-style 简写按照 list-style-type → list-style-position → list-style-image 顺序设置属性值。例如，上面的代码可简写如下。

```
li {
    list-style:circle outside url(image/arrow-right.gif);
}
```

使用 list-style 设置列表样式时，可以不设置其中某个值，未设置的属性会使用默认值。例如，"list-style:circle outside;"默认没有图像标记。

在上网时，大家都会看到浏览的网页中，列表很少使用 CSS 自带的列表标记，而是设计的图标，那么大家会想使用 list-style-image 就可以了。可是 list-style-position 不能准确地定位图像标记的位置，通常网页中图标的位置都是非常精确的。因此在实际的网页制作中，通常使用 list-style 或 list-style-type 设置项目无标记符号，然后通过背景图像的方式把设计的图标设置成列表项标记。所以在网页制作中，list-style 和 list-style-type 两个属性是大家经常用到的，而另两个属性则不太常用，大家牢记 list-style 和 list-style-type 的用法即可。

现在用所学的 CSS 列表属性修改示例 6，把商品分类中前面默认的列表符号去掉，并且使用背景图像设置列表前的背景小图片。由于 HTML 代码没有变，现在仅需要修改 CSS 代码，代码如示例 12 所示。

⚙ 示例 12

```
……
#nav ul li {
    height:30px;
    line-height:25px;
    background:url(../image/arrow-icon.gif) 5px 7px no-repeat;    /* 设置背景图标 */
    list-style-type:none;                                         /* 设置无标记符号 */
    text-indent:1em;
}……
```

在浏览器中查看的页面效果如图 2.24 所示，列表前已无默认的列表项标记符号。

列表前显示了设计的小三角图标，通过代码可以精确地设置小三角图标的位置。

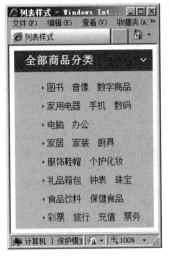

图 2.24　列表样式效果图

本章总结

- 使用 CSS 的字体样式设置字体的大小、类型、风格、粗细等。
- 使用 CSS 的文本样式设置文本的颜色、对齐方式、首行缩进、行距、文本装饰等。
- 使用 CSS 的超链接样式设置伪类超链接在不同状态下的样式。
- 使用 CSS 的背景属性设置页面背景颜色、背景图片，为列表设置自定义图标。
- 使用 CSS 的列表属性设置列表项的类型、列表图像及列表符号显示位置。

本章作业

1. 在 CSS 中，常用的背景属性有哪几个？它们的作用是什么？
2. 无序列表、有序列表和定义列表适用的场合分别是什么？
3. 制作如图 2.25 所示的席幕容的诗《初相遇》，页面要求如下。
- 使用 <h1> 标签排版文本标题，字体大小为 18px。
- 使用 <p> 标签排版文本正文，首行缩进为 2em，行高为 22px。
- 首段第一个"美"字，字体大小为 18px、加粗显示。第二段中的"胸怀中满溢……在我眼前"字体风格为倾斜，颜色为蓝色，字体大小为 16px。正文其余文字大小为 12px。
- 最后一段文字带下划线，鼠标移至文本上时显示为手形。

● 使用外部样式表创建页面样式。

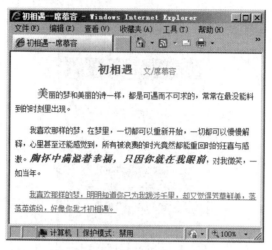

图 2.25 　《初相遇》页面效果图

第3章

CSS 美化表单

技能目标

● 熟悉表格的基本用法
● 掌握表单的用法

本章导读

　　表单是实现用户与网页之间信息交互的基础，通过在网页中添加表单可以实现诸如会员注册、用户登录、提交资料等交互功能。本章将结合之前学习的 CSS 美化知识，讲解如何在网页中制作表单，同时介绍网页中常见的一种数据展现工具——表格，表格在很多页面中还发挥着页面排版的作用，可以灵活清晰地对表单进行布局。

知识服务

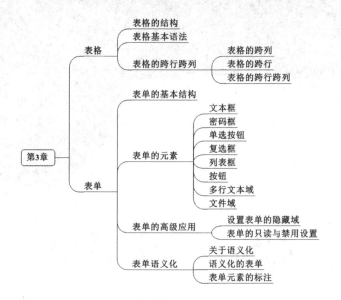

3.1 表格

表格不但在日常生活中非常常见，在网页中的应用也非常广泛。从某种意义上讲表格属于块状元素，发明该标签的初衷是用于显示表格数据。例如，学校中常见的考试成绩单、选修课课表、企业中常见的工资账单等。

由于表格行列的简单结构，在生活中的广泛使用，对它的理解和编写都很方便。表格每行的列数通常一致，同行单元格高度一致且水平对齐，同列单元格宽度一致且垂直对齐。这种严格的约束形成了一个不易变形的长方形盒子结构，堆叠排列起来结构很稳定。如图 3.1 显示的是一个网上商城鞋品分类的商品列表页，它就是一个典型的表格结构。

图 3.1　商品表格结构

3.1.1　表格的结构

先看一看表格的基本结构。表格是由指定数目的行和列组成的，如图 3.2 所示。

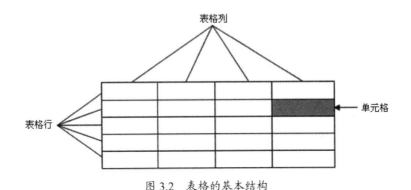

图 3.2　表格的基本结构

从图 3.2 可以看出，一个表格由行、列、单元格构成。

● 行

一个或多个单元格横向堆叠形成了行。

● 列

由于表格单元格的宽度必须一致，所以单元格纵向排列形成了列。

● 单元格

表格的最小单位，一个或多个单元格纵横排列组成了表格。

3.1.2　表格基本语法

创建表格的基本语法如下。

```
<table>
<tr>
<td> 第 1 个单元格的内容 </td>
<td> 第 2 个单元格的内容 </td>
    ……
</tr>
<tr>
<td> 第 1 个单元格的内容 </td>
<td> 第 2 个单元格的内容 </td>
    ……
</tr>
</table>
```

创建表格一般分为下面 3 步。

第一步：创建表格标签 <table>……</table>。

第二步：在表格标签 <table>……</table> 里创建行标签 <tr>……</tr>，可以有多行。

第三步：在行标签 <tr>……</tr> 里创建单元格标签 <td>……</td>，可以有多个单元格。

为了显示表格的轮廓，一般还需要设置 <table> 标签的 "border" 边框属性，指定边框的宽度。

例如，在页面中添加一个 2 行 3 列的表格，对应的 HTML 代码如示例 1 所示。

✪ 示例 1

```
<!doctype html>
<html lang="en">
<head>
<meta charset="UTF-8">
<title> 基本表格 </title>
</head>
<body>
<table border="2">
<tr>
<td>1 行 1 列的单元格 </td>
<td>1 行 2 列的单元格 </td>
<td>1 行 3 列的单元格 </td>
</tr>
<tr>
<td>2 行 1 列的单元格 </td>
<td>2 行 2 列的单元格 </td>
<td>2 行 3 列的单元格 </td>
</tr>
</table>
</body>
</html>
```

在浏览器中查看页面效果，如图 3.3 所示。

图 3.3　创建基本表格

3.1.3　表格的跨行跨列

上面介绍了简单表格的创建，而现实中往往需要较复杂的表格，有时就需要把多个单元格合并为一个单元格，也就是要用到表格的跨行跨列功能。

1. 表格的跨列

跨列是指单元格的横向合并，语法如下。

```
<table>
<tr>
<td colspan=" 所跨的列数 "> 单元格内容 </td>
</tr>
</table>
```

col 为 column（列）的缩写，span 为跨度，所以 colspan 的意思为跨列。

下面通过示例 2 来说明 colspan 属性的用法，对应的页面效果如图 3.4 所示。

✪ 示例 2

```
<!doctype html>
<html lang="en">
<head>
<meta charset="UTF-8">
<title> 跨多列的表格 </title>
</head>
<body>
<table width="200" border="1">
<tr>
<td colspan="2"> 学生成绩 </td>
</tr>
<tr>
<td> 语文 </td>
<td>98</td>
</tr>
<tr>
<td> 数学 </td>
<td>95</td>
</tr>
</table>
</body>
</html>
```

图 3.4　跨多列的表格

2. 表格的跨行

跨行是指单元格在垂直方向上合并，语法如下。

```
<table>
<tr>
```

```
<td rowspan=" 所跨的行数 "> 单元格内容 </td>
</tr>
</table>
```

row 为行的意思，rowspan 即跨行。

下面通过示例 3 来说明 rowspan 属性的用法，页面对应的效果如图 3.5 所示。

✪ 示例 3

```
<!doctype html>
<html lang="en">
<head>
<meta charset="UTF-8">

<title> 跨多行的表格 </title>
</head>
<body>
<table width="500" border="1">
<tr>
<td rowspan="2"> 张三 </td>
<td> 语文 </td>
<td>98</td>
</tr>
<tr>
<td> 数学 </td>
<td>95</td>
</tr>
<tr>
<td rowspan="2"> 李四 </td>
<td> 语文 </td>
<td>88</td>
</tr>
<tr>
<td> 数学 </td>
<td>91</td>
</tr>
</table>
</body>
</html>
```

图 3.5　跨多行的表格

3. 表格的跨行跨列

有时表格中既有跨行又有跨列的情况，从而形成了相对复杂的表格显示，代码如示例 4 所示。

☉ 示例 4

```
<!doctype html>
<html lang="en">
<head>
<meta charset="UTF-8">
<title> 跨行跨列的表格 </title>
</head>
<body>
<table width="200" border="1">
<tr>
<td colspan="3"> 学生成绩 </td>
</tr>
<tr>
<td rowspan="2"> 张三 </td>
<td> 语文 </td>
<td>98</td>
</tr>
<tr>
<td> 数学 </td>
<td>95</td>
</tr>
<tr>
<td rowspan="2"> 李四 </td>
<td> 语文 </td>
<td>88</td>
</tr>
<tr>
<td> 数学 </td>
<td>91</td>
</tr>
</table>
</body>
</html>
```

在浏览器中查看页面效果，如图 3.6 所示。

图 3.6　跨行跨列的表格

3.2　　表单

表单在网页中应用比较广泛，如申请电子邮箱，用户需要首先填写注册信息，然后才能提交申请。又如希望登录邮箱收发电子邮件，也必须在登录页面中输入用户名、密码才能进入邮箱，这就是典型的表单应用。

通俗地讲，表单就是一个将用户信息组织起来的容器。将需要用户填写的内容放置在表单容器中，当用户单击"提交"按钮时，表单会将数据统一发送给服务器。

表单的应用比较常见，典型的应用场景如下。

- 登录、注册：登录时填写用户名、密码，注册时填写姓名、电话等个人信息。
- 网上订单：在网上购买商品一般要求填写姓名、联系方式、付款方式等信息。
- 调查问卷：回答对某些问题的看法，以便形成统计数据，方便分析。
- 网上搜索：输入关键字，搜索想要的可用信息。

为了方便用户操作，表单提供了多种表单元素，如图 3.7 所示的页面中，除了最常见的单行文本框之外，还有密码框、单选按钮、下拉列表框、提交按钮等。该图是人人网用户注册页面，此页面就是由一个典型的表单构成。

图 3.7　典型的表单

3.2.1　表单的基本结构

在 HTML 中，使用 <form> 标签来实现表单的创建，该标签用于在网页中创建表单区域，它属于一个容器标签，其他表单标签需要在它的范围中才有效。如示例 5 就创建了一个简单的表单。

☼ 示例 5

```
<form method="post" action="result.html">
<p> 名字：<input name="name" type="text" ></p>
<p> 密码：<input name="pass" type="password" ></p>
<p>
<input type="submit" name="Button" value=" 提交 ">
<input type="reset" name="Reset" value=" 重填 ">
</p>
</form>
```

在浏览器中查看示例 5 的页面效果，如图 3.8 所示。

图 3.8　简单的表单

表单标签有两个常用的属性：action 和 method，关于它们的意义见表 3-1。

表 3-1　<form> 标签的属性

属性	说明
action	此属性指示服务器上处理表单输出的程序。一般来说，当用户单击表单上的"提交"按钮后，信息发送到 Web 服务器上，由 action 属性所指定的程序处理。语法为 action = "URL"。如果 action 属性的值为空，则默认表单提交到本页
method	此属性告诉浏览器如何将数据发送给服务器，它指定向服务器发送数据的方法（用 post 方法还是用 get 方法）。如果值为 get，浏览器将创建一个请求，该请求包含页面 URL、一个问号和表单的值。浏览器会将该请求返回给 URL 中指定的脚本，以进行处理。如果将值指定为 post，表单上的数据会作为一个数据块发送到脚本，而不使用请求字符串。语法为 method = (get | post)

示例 5 就是使用 post 方法将表单提交给"result.html"页面。若把 method="post" 改为 method="get" 就变成了使用 get 方法将表单提交给"result.html"页面。这两种方法都是将表单数据提交给服务器上指定的程序进行处理，那有什么区别呢？

先让大家看看采用 post 和 get 方法提交表单信息后浏览器地址栏的变化。

● 以 post 方式提交表单，在"名字"和"密码"标签后分别输入用户名 lucker 和密码 123456，单击"提交"按钮，页面效果如图 3.9 所示。

图 3.9　以 post 方式提交表单

- 注意地址栏中的 URL 信息没有发生变化，这就是以 post 方式提交表单的特点。
- 以 get 方式提交表单，单击"提交"按钮，页面效果如图 3.10 所示。

图 3.10　以 get 方式提交表单

采用 get 方式提交表单信息之后，在浏览器的地址栏中，URL 信息会发生变化。仔细观察不难发现，在 URL 信息中清晰地显示出表单提交的数据内容，即刚刚输入的用户名和密码都完全显示在地址栏中，清晰可见。

通过对比图 3.9 和图 3.10 的效果，可以发现两种提交方式之间的区别如下。

（1）post 提交方式不会改变地址栏状态，表单数据不会被显示。

（2）get 提交方式会改变地址栏状态，表单数据会在 URL 信息中显示。

所以，基于以上两点区别，post 方式提交的数据安全性要明显高于 get 方式提交的数据。在日常开发中，建议大家尽可能地采用 post 方式来提交表单数据。

3.2.2　表单的元素

在图 3.8 中，可以看到实现用户注册时，需要输入很多注册的信息，而装载这些数据的控件，就称为表单元素。有了这些表单元素，表单才会有意义。那么如何在表单中添加表单元素呢？其实添加方法很简单，就是使用 <input> 标签，如示例 5 中就使用了 <input> 标签实现向表单添加文本输入框、提交按钮、重置按钮的功能。<input> 标签中有很多属性，下面对一些比较常用的属性进行整理，如表 3-2 所示。

到目前为止，大家已经知道了如何在页面中添加表单，也掌握了如何向表单中添加表单元素，那么这么多表单元素都该如何使用呢？下面选取几个常用的表单元素，来逐一学习其类型及常用的属性。

表 3-2　<input> 标签的属性

属性	说明
type	此属性指定表单元素的类型。可用的选项有 text、password、checkbox、radio、submit、reset、file、hidden、image 和 button。默认选择为 text
name	此属性指定表单元素的名称。例如，如果表单上有几个文本框，可以按名称来标识它们，如 text1、text2 等
value	此属性是可选属性，它指定表单元素的初始值。但如果 type 为 radio，则必须指定一个值
size	此属性指定表单元素的初始宽度。如果 type 为 text 或 password，则表单元素的大小以字符为单位。对于其他输入类型，宽度以像素为单位
maxlength	此属性用于指定可在 text 或 password 元素中输入的最大字符数。默认值为无限大
checked	指定按钮是否是被选中的。当输入类型为 radio 或 checkbox 时，使用此属性

1．文本框

在表单中最常用、最常见的表单输入元素就是文本框（text），它用于输入单行文本信息，如用户名的输入框。若要在文档的表单里创建一个文本框，将表单元素 type 属性设为 text 就可以了，代码如示例 6 所示。

✪ 示例 6

```
<form method="post" action="">
<p> 名      字：
    <input type="text" name="fname">
</p>
<p> 姓      氏：
    <input name="lname" value=" 张 " type="text">
</p>
<p> 登录名：
    <input name="sname" type="text" size="30">
</p>
</form>
```

在示例 6 的代码中还分别使用了 size 属性和 value 属性对登录名的长度及姓氏的默认值进行了设置，在浏览器中查看示例 6 的页面效果，如图 3.11 所示。

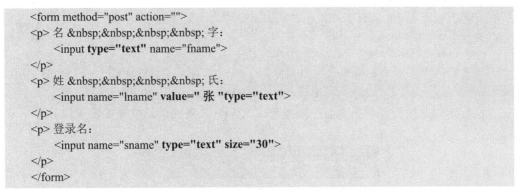

图 3.11　文本框的效果

在文本框控件中输入数据时，还可以使用 maxlength 属性指定输入的数据长度。例如，登录名的长度不得超过 20 个字符，代码如下。

```
<p> 登录名：
    <input name="sname" type="text" size="30" maxlength="20">
</p>
```

上面代码的设置结果是，文本框显示的长度为 30，而允许输入的最多的字符个数为 20。

对于 size 属性和 maxlength 属性，一定要能够严格地进行区分。size 属性用于指定文本框的长度，而 maxlength 属性用于指定文本框输入的数据长度，这就是二者的区别。

2. 密码框

在一些特殊情况下，用户希望输入的数据被处理，以免被他人得到，如密码。这时候使用文本框就无法满足要求，需要使用密码框来完成。

密码框与文本框类似，区别在于需要设置文本框控件的 type 属性设为 password。设置了 type 属性后，在密码框输入的字符全都以黑色实心的圆点来显示，从而实现了对数据的处理。密码框设置代码如示例 7 所示。

⭐ 示例 7

```
<form method="post" action="">
<p> 用户名：<input name="name" type="text" size="21"></p>
<p> 密     码：
<input name="pass" type="password" size="22">
</p>
</form>
```

运行示例 7 的代码，在页面中输入密码 123456，页面显示效果如图 3.12 所示。

图 3.12　密码框的效果

> 📢 **注意**
>
> 密码框仅仅使周围的人看不见输入的符号，并不能保证输入的数据安全。为了使数据安全，应该加强人为管理，采用数据加密技术等。

3．单选按钮

单选按钮控件用于一组相互排斥的值，组中的每个单选按钮控件应具有相同的名称，用户一次只能选择一个选项。只有从组中选定的单选按钮才会在提交的数据中显示对应的数值，在使用单选按钮时，需要一个显式的 value 属性，代码如示例 8 所示。

✪ 示例 8

```
<form method="post" action="">
性别：
<input name="gen" type="radio" class="input" value=" 男 "> 男  
<input name="gen" type="radio" value=" 女 " class="input"> 女
</form>
```

运行示例 8 的代码，在浏览器中的预览效果如图 3.13 所示。

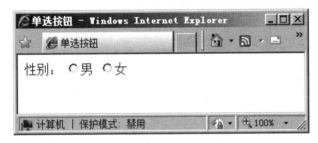

图 3.13　单选按钮的效果

如果希望在页面加载时，单选按钮有一个默认的选项，那么可以使用 checked 属性。例如，性别选项默认选中"男"，则修改代码如下。

```
<input name="gen" type="radio" class="input" value=" 男 " checked="checked"> 男
```

此时，再次运行示例 8，则页面效果如图 3.14 所示。

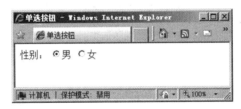

图 3.14　使用 checked 属性设置默认选项

4．复选框

复选框与单选按钮有些类似，只不过复选框允许用户选择多个选项。复选框的类型是 checkbox，即将表单元素的 type 属性设为 checkbox 就可以创建一个复选框。复选框的命名与单选按钮有些区别，既可以多个复选框选用相同的名称，也可以各自具有不同的名称，关键看如何使用复选框。用户可以选中某个复选框，也可以取消选中。一旦用户选中了某个复选框，在表单提交时，会将该复选框的 name 值和对应的 value

值一起提交。复选框设置代码如示例 9 所示。

⭐ 示例 9

```
<form method="post" action="">
爱好：
<input type="checkbox" name="interest" value="sports"> 运动
<input type="checkbox" name="interest" value="talk"> 聊天
<input type="checkbox" name="interest" value="play"> 玩游戏
</form>
```

示例 9 在浏览器中的预览效果如图 3.15 所示。

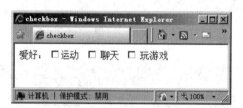

图 3.15　复选框的效果

与单选按钮一样，checkbox 复选框也可以设置默认选项，同样使用 checked 属性进行设置。例如，将爱好中的"运动"选项默认选中，则代码修改如下。

```
<input type="checkbox" name="cb1" value="sports" checked="checked"> 运动
```

运行效果如图 3.16 所示。

图 3.16　设置默认选中的复选框

5. 列表框

列表框主要是为了使用户快速、方便、正确地选择一些选项，并且节省页面空间，它是通过 <select> 标签和 <option> 标签来实现的。<select> 标签用于显示可供用户选择的下拉列表，每个选项由一个 <option> 标签表示，<select> 标签必须包含至少一个 <option> 标签，它的语法如下。

```
<select name=" 指定列表名称 " size=" 行数 ">
<option value=" 可选项的值 " selected="selected">……</option>
<option value=" 可选项的值 ">……</option>
</select>
```

其中，在有多条选项可供用户滚动查看时，size 确定列表中可同时看到的行数；

selected 表示该选项在默认情况下是被选中的，而且一个列表框中只能有一个列表项默认被选中，如同单选按钮组那样。列表框设置代码如示例 10 所示。

⊛ 示例 10

```
<form method="post" action="">
出生日期：
<input name="byear" value="yyyy" size="4" maxlength="4">  年
<select name="bmon">
<option value="">[ 选择月份 ]</option>
<option value="1"> 一月 </option>
<option value="2"> 二月 </option>
<option value="3"> 三月 </option>
<option value="4"> 四月 </option>
<option value="5"> 五月 </option>
<option value="6"> 六月 </option>
<option value="7"> 七月 </option>
<option value="8"> 八月 </option>
<option value="9"> 九月 </option>
<option value="10"> 十月 </option>
<option value="11"> 十一月 </option>
<option value="12"> 十二月 </option>
</select> 月  
<input name="bday" value="dd" size="2" maxlength="2" > 日
</form>
```

示例 10 在浏览器中的预览效果如图 3.17 所示。

图 3.17　列表框的效果

下拉列表框中添加的 option 选项会按照顺序进行排列，但是如果希望其中某个选项默认显示，就需要使用 selected 属性来进行设置。例如，让月份默认显示十月，则相应代码修改如下。

```
<option value="10" selected="selected"> 十月 </option>
```

设置了 selected 属性后，下拉列表会默认显示十月，如图 3.18 所示。

图 3.18　设置下拉列表的默认显示

6. 按钮

按钮在表单中经常用到，在 HTML 中按钮分为 3 种，分别是普通按钮（button）、提交按钮（submit）和重置按钮（reset）。普通按钮主要用来响应 onclick 事件，提交按钮用来提交表单信息，重置按钮用来清除表单中的已填信息。它的语法如下。

```
<input type="reset" name="Reset" value=" 重填 ">
```

其中，type="button" 表示普通按钮；type="submit" 表示提交按钮；type="reset" 表示重置按钮。name 用来给按钮命名，value 用来设置显示在按钮上的文字。按钮设置代码如示例 11 所示。

❂ 示例 11

```
<form method="post" action="">
<P> 用户名：<input name="name" type="text"></P>
<P> 密      码：
<input name="pass" type="password">
</P>
<P>
<input type="reset" name="butReset" value="reset 按钮 ">
<input type="submit" name="butSubmit" value="submit 按钮 ">
<input type="button" name="butButton" value="button 按钮 "
  onclick="alert(this.value)">
</P>
</form>
```

示例 11 在浏览器中的预览效果如图 3.19 所示。

（1）reset 按钮：用户单击该按钮后，不论表单中是否已经填写或输入数据，表单中各个表单元素都会被重置到最初状态，而填写或输入的数据将被清空。

（2）submit 按钮：用户单击该按钮后，表单将会提交到 action 属性所指定的 URL，并传递表单数据。

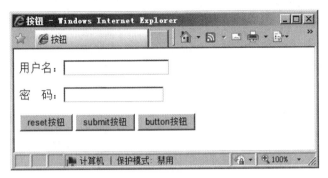

图 3.19　按钮预览效果

（3）button 按钮：属于普通的按钮，需要与事件关联使用。在示例 11 的代码中，为普通按钮添加了一个 onclick 事件，当用户单击该按钮时，将会显示该按钮的 value 值，页面效果如图 3.20 所示。

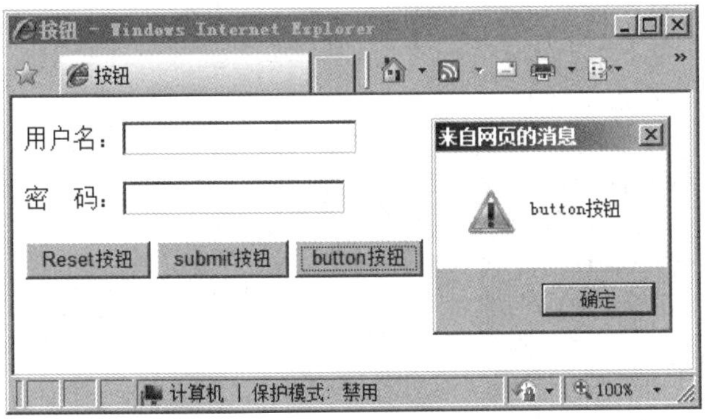

图 3.20　普通按钮的 onclick 事件

有时候，在页面中使用按钮，显示的样式不美观，所以在实际开发过程中，往往会使用图片按钮来代替，如图 3.21 所示。

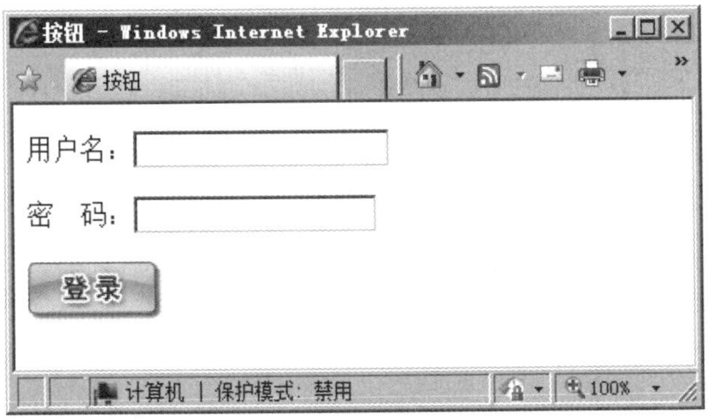

图 3.21　图片按钮的效果

实现图片按钮的效果有多种方法，比较简单的方法就是配合使用 type 和 src 属性，如下所示。

```
<input type="image" src="images/login.gif" />
```

需要注意：这种方式实现的图片按钮比较特殊，虽然 type 属性没有设置为"submit"，但仍然具备提交功能。

7. 多行文本域

当需要在网页中输入两行或两行以上的文本时，怎么办？显然，前面学过的文本框及其他表单元素都不能满足要求，这就应该使用多行文本域，它使用的标签是 <textarea>。它的语法如下。

```
<textarea name="textarea" cols=" 显示的列的宽度 " rows=" 显示的行数 ">
    文本内容
</textarea>
```

其中，cols 属性用来指定多行文本框的列的宽度；rows 属性用来指定多行文本框的行数。在 <textarea>……</textarea> 标签对中不能使用 value 属性来赋初始值。多行文本域设置代码如示例 12 所示。

☼ 示例 12

```
<form method="post" action="">
<H4> 填写个人评价 </H4>
<P>
<textarea name="textarea" cols="40" rows="6">
    自信、活泼、善于思考 ...
</textarea>
</P>
</form>
```

示例 12 在浏览器中的预览效果如图 3.22 所示。

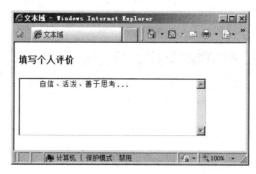

图 3.22　多行文本域效果

8. 文件域

文件域的作用是实现文件的选择，在应用时只需把 type 属性设为"file"即可。在实际应用中，文件域通常用于文件上传操作，如选择需要上传的文本、图片等。文件域设置代码如示例 13 所示。

❂ 示例 13

```
<form action="" method="post" enctype="multipart/form-data">
<p><input type="file" name="files" /><br/>
<input type="submit" name="upload" value=" 上传 " /></p>
</form>
```

运行示例 13 的代码，在浏览器中预览效果，如图 3.23 所示。

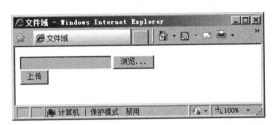

图 3.23　文件域效果

文件域会创建一个不能输入内容的地址文本框和一个"浏览"按钮。单击"浏览"按钮，将会弹出"选择要加载的文件"窗口，选择文件后，路径将显示在地址文本框中，执行效果如图 3.24 所示。

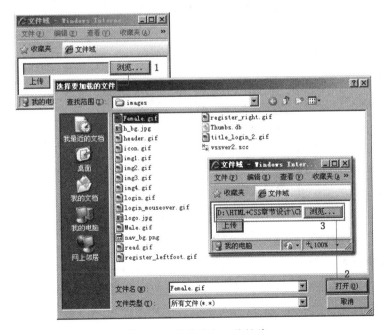

图 3.24　文件域与上传操作

在使用文件域时，需要特别注意的是包含文件域的表单，由于提交的表单数据包括普通的表单数据、文件数据等多部分内容，所以必须设置表单的 enctype 编码属性为 "multipart/form-data"，表示将表单数据分为多部分提交。这部分的内容，在后续课程中会有详细的介绍。

3.2.3 表单的高级应用

1. 设置表单的隐藏域

网站服务器端发送到客户端（用户计算机）的信息，除了用户直观看到的页面内容外，可能还包含一些"隐藏"信息。例如，用户登录后的用户名、用于区别不同用户的用户 ID 等。这些信息对于用户可能没用，但对网站服务器有用，所以一般"隐藏"起来，而不在页面中显示。

将 type 属性设置为"hidden"隐藏类型即可创建一个隐藏域。例如，在登录页中使用隐藏域保存用户的 userid 信息，代码如示例 14 所示。

❂ 示例 14

```
<form action="" method="get">
<P> 用户名：<input name="name" type="text"></P>
<P> 密      码：<input name="pass" type="password">
</P>
<p><input type="submit" value=" 提交 "></p>
// 将隐藏域的 name 属性命名为 userid，而 value 属性的值就对应为用户的 userid
<p><input type="hidden" value="666" name="userid"></p>
</form>
```

页面显示的结果如图 3.25 所示。

图 3.25　隐藏域并不显示在页面中

在图中无法看到隐藏域的存在，但是通过查看页面源代码是可以看到的。为了验证隐藏域中的数据能够随表单一同提交，将表单的提交方式改为 get 方式，单击"提交"按钮，就可以从地址栏中查看到隐藏域的数据，如图 3.26 所示。

2. 表单的只读与禁用设置

在某些情况下，需要对表单元素进行限制，即设置表单元素为只读或禁用。它们常见的应用场景如下。

- 只读场景：网站服务器方不希望用户修改数据，这些数据在表单元素中显示。例如，注册或交易协议、商品价格等。

- 禁用场景：只有满足某个条件后，才能选用某项功能。例如，只有用户同意注册协议后，才允许单击"注册"按钮；播放器控件在播放状态时，不能再单击"播放"按钮等。

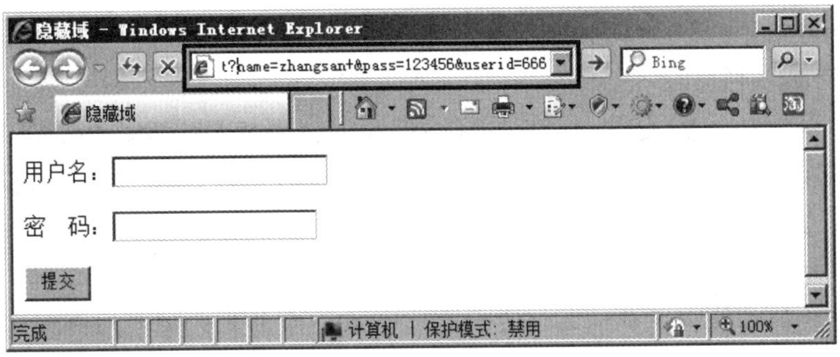

图 3.26　使用隐藏域传递数据

只读和禁用效果分别通过设置 readonly 和 disabled 属性来实现。例如，要实现对文本框只读、对按钮的禁用效果，如图 3.27 所示，对应的 HTML 代码如示例 15 所示。

☼ 示例 15

```
<form action="" method="get">
<P>用户名：<input name="name" type="text" value="张三 " readonly="readonly">
</P>
<P>密      码：<input name="pass" type="password">
</P>
<p><input type="submit" value="修改 " disabled="disabled"></p>
</form>
```

运行示例 15 的代码，在浏览器中预览效果，如图 3.27 所示。

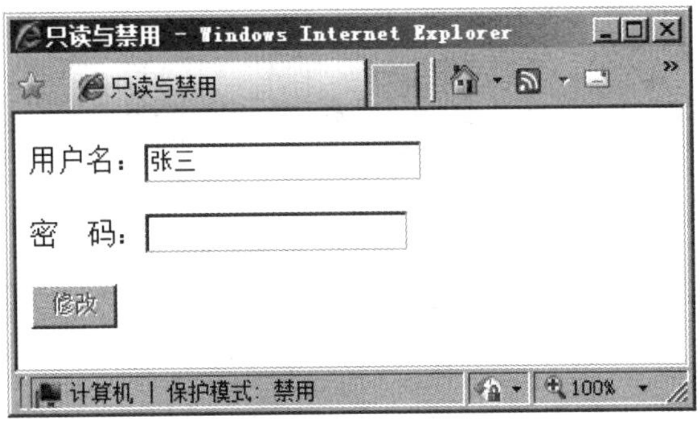

图 3.27　设置只读和禁用属性

在上图中用户名采用了默认设置的方式，且无法进行修改。而"提交"按钮则采用了禁用的设置，所以按钮呈浅色显示，表示无法使用。

通常只读属性用于不希望用户对数据进行修改的场合，而禁用则可以配合其他控件使用。最常见的就是在安装程序时，如果用户不选中"同意安装许可协议"的复选框，则"安装"或"下一步"按钮无法使用。

3.2.4　表单语义化

1．关于语义化

随着互联网技术的发展，尤其是网络搜索的应用普及，设计并制作符合 W3C 标准的网页已经被越来越多的网页制作人员所遵循。即便如此，在实现某种表现的过程中，依然可以有多种结构和标签可以进行选择，而此时语义化的标签就格外重要，因为它更易被浏览器所识别。

那么该如何理解语义化呢？语义化其实没有一个非常明确的概念或者定义，但是语义化的目的，就是要达到结构合理、代码简洁的要求。

下面分别看一下未使用语义化的标签和使用语义化的标签在应用中的区别。首先完成一个简单案例，代码如示例 16 所示。

⊙ 示例 16

```
<table>
<tr>
<td> 姓名 </td>
<td> 职务 </td>
</tr>
<tr>
<td> 张三 </td>
<td> 技术员 </td>
</tr>
</table>
```

运行效果如图 3.28 所示。

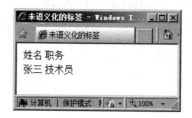

图 3.28　未使用语义化的标签

也许你会说："这有什么不好？"那么再使用语义化的标签进行代码修改，如示例 17 所示。

⊙ 示例 17

```
<table width="170">
    <caption> 岗位信息表 </caption>
```

```
<thead>
  <tr>
<th> 姓名 </th>
<th> 职务 </th>
</tr>
</thead>
<tbody>
<tr>
<td align="center"> 张三 </td>
<td align="center"> 技术员 </td>
</tr>
</tbody>
</table>
```

运行示例 17 的代码，在浏览器中的页面效果如图 3.29 所示。

图 3.29　使用语义化的标签

对比示例 16 和示例 17 的代码，以及图 3.28 和图 3.29 所示的效果可以发现，示例 17 的代码及页面效果更符合表现的需要，同时也符合 W3C 的标准。

2. 语义化的表单

● 域

在表单中，可以使用 <fieldset> 标签实现域的定义。什么是域呢？简单地说就是将一组表单元素放到 <fieldset> 标签内时，浏览器就会以特殊的方式来显示它们，这些表单元素可能有特殊的边界、效果。

使用 <fieldset> 标签后，该标签会将表单内容进行整合，从而生成一组与表单相关的字段。

● 域标题

所谓域标题就是给创建的域设置一个标题。设置域标题需要使用一个新的标签，即 <legend> 标签，在该标签内的内容就被视为域的标题。

通常 <fieldset> 标签与 <legend> 标签结合使用，简单的应用代码如示例 18 所示。

✪ 示例 18

```
<form>
  <fieldset>
```

```
    <legend> 用户信息 </legend>
    姓名：<input type="text"/>
    年龄：<input type="text"/><br/>
    手机：<input type="text"/>
    邮箱：<input type="text"/><br/>
</fieldset>
</form>
```

运行示例 18 的代码，在浏览器中预览效果，如图 3.30 所示。

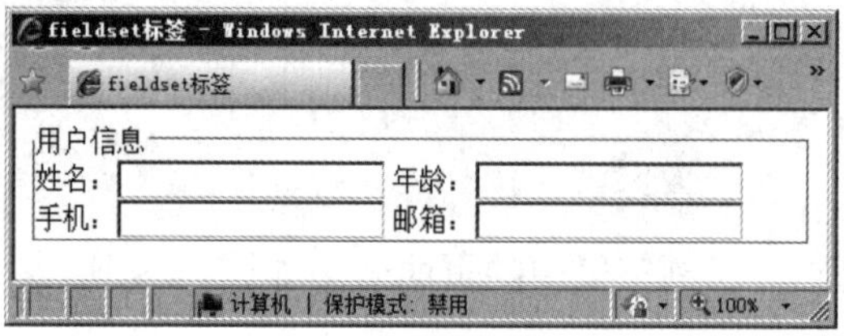

图 3.30　IE 8 浏览器显示语义化的表单

需要在这里说明的是，如果采用其他版本的 IE 浏览器，或者其他类型的浏览器，则图 3.30 所示的效果会略有区别，如在火狐浏览器下显示的效果如图 3.31 所示。这种区别并不是代码上的问题，也不是语义化的问题，而仅仅是浏览器自身的问题。

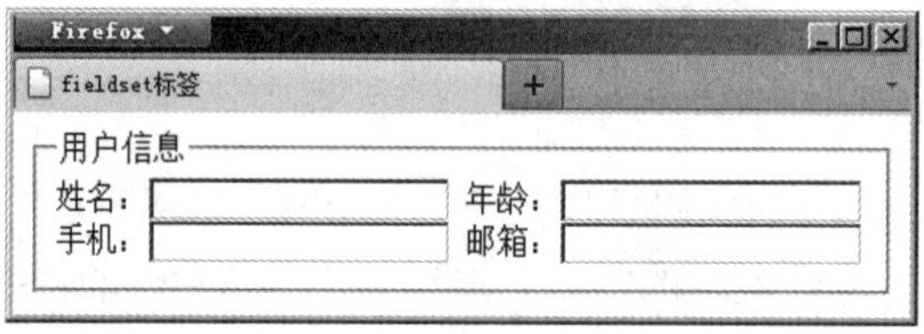

图 3.31　火狐浏览器显示语义化的表单

3. 表单元素的标注

对表单元素进行标注，这样做的目的就是为了增强鼠标的可用性。因为使用表单元素标注时，在客户端呈现的效果不会有任何特殊的改进。但是如果当用户使用鼠标单击标注的文本内容时，浏览器会自动将焦点转移到与该标注相关的表单元素上。

为表单元素进行标注时，需要使用 <label> 标签，该标签的语法如下。

```
<label for=" 表单元素的 id"> 标注的文本 </label>
```

在 <label> 标签中，使用了 for 属性来指定当鼠标单击标注文本时，焦点对应的表单元素。下面通过示例 19 进行说明。

✪ 示例 19

```
<form>
    请选择性别：
<label for="male"> 男 </label>
```

```
<input type="radio" name="gender" id="male"/>
<label for="female"> 女 </label>
<input type="radio" name="gender" id="female"/>
</form>
```

在示例 19 的代码中，对于表单元素而言，其 name 属性与 id 属性都是必需的。name 属性由表单负责处理，而 id 属性是供 <label> 标签和表单元素进行关联使用的。

运行示例 19 的代码，在浏览器中预览页面效果，如图 3.32 所示。

图 3.32　使用 <label> 标签进行标注

在上图中，用户在选择性别时，可以不用单击单选按钮，而可以直接单击与单选按钮对应的文本。例如，在本例中，鼠标单击文本"男"时，则性别男对应的单选按钮被自动选中。

讲解了这么多语义化的内容，下面就对语义化的内容进行梳理。

● 语义化的目标是使页面结构更加合理。
● 建议在设计和开发过程中使用语义化的标签，从而达到见名知义的作用。
● 语义化的结构更加符合 Web 标准，更利于当今搜索引擎的抓取（SEO 的优化）和开发维护。

本章总结

● 表格的基本用法，以及在网页中的应用场景。
● 常用的表单元素有文本框、密码框、单选按钮、复选框、列表框、按钮、多行文本域。
● 使用 <label> 标签的 for 属性与表单元素的 id 属性相结合控制单击该标签时，对应的表单元素自动获得焦点或者被选中。

本章作业

1．实现一个跨 3 行 2 列的单元格需要哪几个步骤？
2．<label> 标签的 for 属性表示什么？
3．请用 HTML 实现如图 3.33 所示的申请表表单。相关要求如下。
● 教育程度：默认选中硕士。

● 国籍：有美国、澳大利亚、日本、新加坡，默认选中澳大利亚。

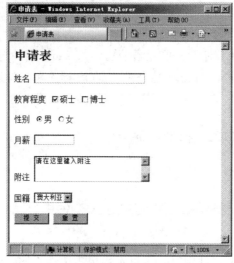

图 3.33　申请表表单

第4章

初识 JavaScript

技能目标

- 掌握 JavaScript 的基本语法
- 掌握选择结构之 if 语句的用法
- 学会定义和使用函数

本章导读

    通过对网页制作基础的学习，我们对网站的制作已经有了比较深刻的理解，但是如何让网页更加绚丽多彩、如何增加用户的良好体验，就需要学习 JavaScript 了。

知识服务

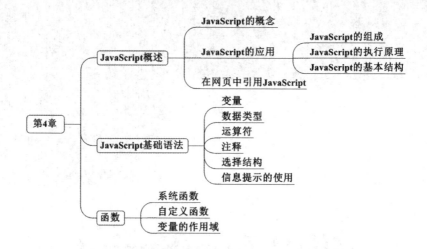

4.1　JavaScript 概述

4.1.1　JavaScript 的概念

为什么要学习 JavaScript 呢？主要基于以下两点原因。

1．客户端表单验证，减轻服务器压力

网站中常有会员注册，我们填写注册信息时，如果某项信息格式输入错误（例如密码长度位数不够等），表单页面将及时给出错误提示。这些错误在没有提交到服务器前，由客户端提前进行验证，称为客户端表单验证。这样，用户得到了即时的交互（反馈填写情况），同时也减轻了网站服务器端的压力。这是 JavaScript 最常用的场合。

2．制作页面动态特效

在 JavaScript 中，可以编写响应鼠标单击等事件的代码，创建动态页面特效，从而高效地控制页面的内容。例如，表单的验证效果（见图 4.1），或者网页轮播效果（见图 4.2）等，它们可以在有限的页面空间里展现更多的内容，从而优化客户端的体验，使我们的网站更加有动感、有魅力，进而吸引更多的浏览者。

图 4.1　表单验证效果

图 4.2　网页轮播效果

这里要说明一点，虽然 JavaScript 可以实现许多动态效果，但要实现一个特效可能需要十几行，甚至几十行代码，而使用 jQuery（JavaScript 程序库）可能只需要几行就可以实现同样的效果。关于 jQuery 方面的技术，我们会在后面讲解，而 JavaScript 是学习 jQuery 的基础，打好基础则至关重要。

4.1.2　JavaScript 的应用

JavaScript 是一种描述性语言，也是一种基于对象（Object）和事件驱动（Event Driven）的具有安全性能的脚本语言。它与 HTML 超文本标记语言一起，在一个 Web 页面中链接多个对象，与 Web 客户实现交互。无论在客户端还是在服务器端，JavaScript 应用程序都要下载到浏览器的客户端执行，从而减轻了服务器端的负担。总结其特点如下：

- 主要用来向 HTML 页面中添加交互行为。
- 是一种脚本语言，语法和 Java 类似。
- 一般用来编写客户端脚本。
- 是一种解释性语言，边执行边解释。

1．JavaScript 的组成

一个完整的 JavaScript 是由以下 3 个部分组成的，如图 4.3 所示。

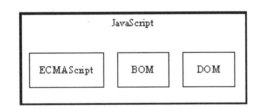

图 4.3　JavaScript 的组成

（1）ECMAScript 标准

ECMAScript 是一种开放的、国际上广为接受的、标准的脚本语言规范，它不与任何具体的浏览器绑定。ECMAScript 标准主要描述以下内容。

- 语法
- 变量和数据类型
- 运算符
- 逻辑控制语句
- 关键字和保留字
- 对象

ECMAScript 是一个描述和规定了脚本语言的所有属性、方法、对象的标准，因此在使用 Web 客户端脚本语言编码时一定要遵循 ECMAScript 标准。

（2）BOM

BOM 是 Browser Object Model（浏览器对象模型）的简称，提供了独立于内容与浏览器窗口进行交互的对象，使用浏览器对象模型可以实现与 HTML 的交互。

（3）DOM

DOM 是 Document Object Model（文档对象模型）的简称，是 HTML 文档对象模型（HTML DOM）定义的一套标准方法，用来访问和操纵 HTML 文档。

关于 BOM 和 DOM 的内容将在后面的章节中进行讲解，本章着重讲解 ECMAScript 标准。

2. JavaScript 的执行原理

了解了 JavaScript 的组成，下面再来深入了解 JavaScript 脚本语言的执行原理。

在脚本的执行过程中，浏览器客户端与应用服务器端采用请求 / 响应模式进行交互，如图 4.4 所示。

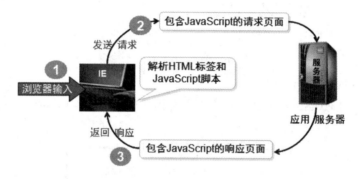

图 4.4　脚本执行原理

下面我们逐步分解一下这个过程。

（1）浏览器向服务器端发送请求：一个用户在浏览器的地址栏中输入要访问的页面（页面中包含 JavaScript 脚本程序）。

（2）数据处理：服务器端将某个包含 JavaScript 脚本的页面进行处理。

（3）发送响应：服务器端将含有 JavaScript 脚本的 HTML 文件处理页面发送到浏览器客户端，然后由浏览器从上至下逐条解析 HTML 标签和 JavaScript 脚本，并将页面效果呈现给用户。

使用客户端脚本的好处有以下两点：

● 含脚本的页面只要下载一次即可，这样能减少不必要的网络通信。

● 脚本程序是由浏览器客户端执行，而不是由服务器端执行，因此能减轻服务器端的压力。

3. JavaScript 的基本结构

通常，JavaScript 代码是用 <script> 标签嵌入 HTML 文档中的。将多个脚本嵌入到一个文档里，只需将每个脚本都封装在 <script> 标签中即可。浏览器在遇到 <script>

标签时，将逐行读取内容，直到遇到 </script> 结束标签为止。然后，浏览器将检查
JavaScript 语句的语法，如果有任何错误，就会在警告框中显示；如果没有错误，浏览
器将编译并执行语句。

脚本的基本结构如下：

```
<script type="text/JavaScript">
  <!--
      JavaScript 语句；
  -->
</script>
```

- type 是 <script> 标签的属性，用于指定文本使用的语言类别为 JavaScript。
- <!-- 语句 --> 是注释标签。这些标签用于告知不支持 JavaScript 的浏览器忽略
  标签中包含的语句。"<!--"表示开始注释标签，"-->"则表示结束注释标签。
  这些标签是可选的，但最好在脚本中使用这些标签。目前大多数浏览器支持
  JavaScript，但使用注释标签可以确保不支持 JavaScript 的浏览器忽略嵌入到
  HTML 文档中的 JavaScript 语句。

> **注意**
>
> 有的网页中用 language="javascript" 来表示使用的语言是 JavaScript，因
> 为 XHTML1.0 已明确表示不支持这种写法，所以这种写法不推荐。

下面通过一个示例来深入学习脚本的基本结构，代码如示例 1 所示。

⭐ 示例 1

```
<html>
<head>
<meta http-equiv="Content-Type" content="text/html; charset=gb2312" />
<title> 输出 Hello World</title>
<script type="text/javascript">
<!--
  document.write(" 使用 JavaScript 脚本输出 Hello World");
  document.write("<h1>Hello World</h1>");
-->
</script>
</head>
<body>
</body>
</html>
```

示例 1 在浏览器中的运行效果如图 4.5 所示。

上述代码中，document.write() 用来向页面输出可以包含 HTML 标签的内容。
把 document.write() 语句包含在 <script> 与 </script> 之间，浏览器就会把它当作一条
JavaScript 命令来执行，这样浏览器就会向页面输出内容。

图 4.5 使用 JavaScript 脚本输出 Hello World

经验

　　如果不使用 <script> 标签，浏览器就会将 document.write("<h3>Hello World</h3>") 当作纯文本来处理，也就是说会把这条命令本身写到页面上。
　　<script>…</script> 的位置并不是固定的，可以包含在文档中的任何地方，只要保证这些代码在被使用前已读取并加载到内存即可。

4.1.3　在网页中引用 JavaScript

　　学习了脚本的基本结构和脚本的执行原理，如何在网页中引用 JavaScript 呢？JavaScript 作为客户端程序，嵌入网页有以下 3 种方式。

- 使用 <script> 标签。
- 使用外部 JavaScript 文件。
- 直接在 HTML 标签中嵌入网页。

1. 使用 <script> 标签

　　示例 1 就是直接使用 <script> 标签将 JavaScript 代码嵌入到 HTML 文档中。这是最常用的方法，但这种方式通常适用于 JavaScript 代码较少，并且网站中每个页面使用的 JavaScript 代码均不相同的情况。

2. 使用外部 JavaScript 文件

　　在实际工作中，有时会希望在若干个页面中运行 JavaScript 实现相同的页面效果，针对这种情况，通常使用外部 JavaScript 文件。外部 JavaScript 文件是将 JavaScript 写入一个外部文件中，以 .js 为后缀保存，然后将该文件指定给 <script> 标签中的 src 属性，这样就可以使用这个外部文件了。这种方式与在网页中引用外部样式类似。示例 1 中实现的页面效果使用外部 JavaScript 文件实现的代码如下。

　　❂ 示例 2

- hello.js 文件代码。

```
document.write(" 使用 JavaScript 脚本输出 Hello World");
document.write("<h1>Hello World</h1>");
```

- export.html 页面代码。

```
<html>
<head>
<meta http-equiv="Content-Type" content="text/html; charset=gb2312" />
<title> 输出 Hello World</title>
<script src="hello.js" type="text/javascript"></script>
</head>
<body>
</body>
</html>
```

hello.js 就是外部 JavaScript 文件，src 属性表示指定外部 JavaScript 文件的路径，在浏览器中运行示例 2，运行结果与示例 1 的运行结果一样。

> ⚠ 注意
>
> 外部文件不能包含 <script> 标签，通常将 .js 文件放到网站目录下单独存放脚本的子目录中（一般为 js），这样容易管理和维护。

3. 直接在 HTML 标签中嵌入网页

有时需要在页面中加入简短的 JavaScript 代码实现一个简单的页面效果，例如单击按钮时弹出一个对话框等，这样通常会在按钮事件中加入 JavaScript 处理程序。下面的例子就是单击按钮弹出消息框。

关键代码如下所示。

```
<input name="btn" type="button" value=" 弹出消息框 " onclick="javascript: alert(' 欢迎你 ');"/>
```

当单击"弹出消息框"按钮时，弹出提示对话框，如图 4.6 所示。

图 4.6 提示对话框

上述代码中，onclick 是单击的事件处理程序，当用户单击按钮时，就会执行"javascript:"后面的 JavaScript 命令，alert() 是一个功能函数，作用是向页面弹出一个对话框。

4.2　JavaScript 基础语法

4.2.1　变量

JavaScript 是一种弱类型语言，没有明确的数据类型，也就是说，在声明变量时，不需要指定变量的类型，变量的类型由赋给变量的值决定。

在 JavaScript 中，变量是使用关键字 var 声明的。下面是 JavaScript 声明变量的语法格式。

```
var 合法的变量名；
```

其中，var 是声明变量所使用的关键字；"合法的变量名"是遵循 JavaScript 中变量命名规则的变量名。JavaScript 中的变量命名可以由数字、字母、下划线和"$"符号组成，但首字母不能是数字，并且不能使用关键字命名。为变量赋值有 3 种方法：

- 先声明变量再赋值。
- 同时声明变量和赋值。
- 不声明变量直接赋值。

例如声明变量的同时为变量赋值：

```
var width = 20;        // 在声明变量 width 的同时，将数值 20 赋给了变量 width
var x, y, z = 10;      // 在一行代码中声明多个变量时，各变量之间用逗号分隔
```

不声明变量而直接使用：

```
x=88;                  // 没有声明变量 x，直接使用
```

> **注意**
>
> JavaScript 区分大小写，特别是变量的命名、语句关键字等，这种错误有时很难查找。
>
> 变量可以不经声明而直接使用，但这种方法很容易出错，也很难查找排错，不推荐使用。在使用变量之前，请先声明后使用，这是良好的编程习惯。

4.2.2　数据类型

尽管在声明变量时不需要声明变量的数据类型，而是由赋给变量的值决定，但 JavaScript 中提供了常用的基本数据类型。

1．undefined（未定义类型）

如前面的示例显示的一样，undefined 类型只有一个值，即 undefined。当声明的变量未初始化时，该变量的默认值是 undefined。例如：

```
var width;
```

这行代码声明了变量 width，且此变量没有初始值，将被赋予值 undefined。

2．null（空类型）

只有一个值的类型是 null，是一个表示"什么都没有"的占位符，可以用来检测某个变量是否被赋值。值 undefined 实际上是值 null 派生来的，因此 JavaScript 把它们定义为相等的。

```
alert(null==undefined);        // 返回值为 true
```

尽管这两个值相等，但它们的含义不同，undefined 表示声明了变量但未对该变量赋值，null 则表示对该变量赋予一个空值。

3．number（数值类型）

JavaScript 中定义的最特殊的类型是 number 类型，这种类型既可以表示 32 位的整数，也可以表示 64 位的浮点数。下面的代码声明了存放整数值和浮点数值的变量。

```
var iNum=23;
var iNum=23.0;
```

整数也可以表示为八进制或十六进制，八进制首数字必须是 0，其后的数字可以是任何八进制数字（0～7），十六进制首数字也必须是 0，后面是任意的十六进制数字和字母（0～9 和 A～F），例如下面的代码：

```
var iNum=070;        //070 等于十进制的 56
var iNum=0x1f;       //0x1f 等于十进制的 31
```

对于非常大或非常小的数，可以用科学计数法表示浮点数，是 number 类型。另外一个特殊值 NaN（Not a Number）表示非数，它也是 number 类型，例如：

```
typeof(NaN);          // 返回值为 number
```

4．string（字符串类型）

（1）字符串定义

在 JavaScript 中，字符串是一组被引号（单引号或双引号）括起来的文本，例如：

```
var string1="This is a string";     // 定义了一个字符串 string1
```

（2）字符的属性与方法

JavaScript 中的 string 也是一种对象，它有一个 length 属性，表示字符串的长度（包括空格等），调用 length 的语法如下：

字符串对象 .length;

在 JavaScript 中，关于字符串对象使用方法的语法如下：

字符串对象 . 方法名 ();

JavaScript 中的 string 对象也有许多方法用来处理和操作字符串，常用的方法如表 4-1 所示。

表 4-1　String 对象常用方法

方法	描述
toString()	返回字符串
toLowerCase()	把字符串转化为小写
toUpperCase()	把字符串转化为大写
charAt(index)	返回指定位置的字符
indexOf(str,index)	查找某个指定的字符在字符串中首次出现的位置
substring(index1,index2)	返回位于指定索引 index1 和 index2 之间的字符串，并且包括索引 index1 对应的字符，不包括索引 index2 对应的字符
split(str)	将字符串分割为字符串数组

5. boolean（布尔类型）

boolean 型数据被称为布尔型数据或逻辑型数据，boolean 类型是 JavaScript 中最常用的类型之一，它只有两个值 true 和 false。

有时候需要检测变量的具体数据类型，JavaScript 提供了 typeof 运算符来判断一个值或变量究竟属于哪种数据类型。语法为：

typeof(变量或值)

其返回结果有以下几种。

- undefined：如果变量是 undefined 型的。
- number：如果变量是 number 型的。
- string：如果变量是 string 型的。
- boolean：如果变量是 boolean 型的。
- object：如果变量是 null 型，或者变量是一种引用类型，例如对象、函数、数组。

例如，以下示例将在页面中输出"name:string"。

```
var name="rose";
document.write("name: "+typeof(name));
```

4.2.3　运算符

在 JavaScript 中常用的运算符可分为算术运算符、比较运算符、逻辑运算符和赋值运算符，如表 4-2 所示。

表 4-2　常用的运算符

类别	运算符
算术运算符	+、-、*、/、%、++、--
赋值运算符	=
比较运算符	>、<、>= 、<= 、==、!=
逻辑运算符	&&、‖、!

1．算术运算符

算数运算符用于执行变量与 / 或值之间的算术运算，如加（+）、减（-）、取余（%）等。例如：

```
var x=5;
var y=x%2;              //y 的值为 1
```

2．赋值运算符

赋值运算符用于给 JavaScript 变量赋值。

3．比较运算符

比较运算符在逻辑语句中使用，以测定变量或值之间的关系，如大于（>）、小于等于（<=）、等于（==）、不等于（!=）。

4．逻辑运算符

逻辑运算符用于测定变量或值之间的逻辑关系。

4.2.4　注释

注释是描述部分程序功能或整个程序功能的一段说明性文字，注释不会被解释器执行，而是直接跳过。注释的功能是帮助开发人员阅读、理解、维护和调试程序。JavaScript 语言的注释与 Java 语言的注释一样，分为单行注释和多行注释两种。

● 单行注释以 "//" 开始，以行末结束，例如：

```
alert(" 恭喜你！注册会员成功 ");            // 在页面上弹出注册会员成功的提示框
```

● 多行注释以 "/*" 开始，以 "*/" 结束，例如：

```
/*
在页面上输出 5 次 "Hello World"
*/
for(var i=0;i<5;i++){
  document.write("<h3>Hello World</h3>");
}
```

4.2.5　选择结构

选择结构（有时也称为条件结构），就是基于不同的条件来执行不同的动作，实现不同的结果。选择结构分为 if 结构和 switch 结构两种，下面详细介绍选择结构。

1．基本 if 结构

基本语法如下：

```
if( 表达式 ){
    //JavaScript 语句 1
}
```

其中，当表达式的值为 true 时，才执行 JavaScript 语句 1。

2．if…else 结构

基本语法如下：

```
if( 表达式 ){
    //JavaScript 语句 1
}else{
    //JavaScript 语句 2
}
```

其中，当表达式的值为 true 时，执行 JavaScript 语句 1，否则执行后面的语句 2。

3．多重 if 结构

基本语法如下：

```
if( 表达式 1 ) {
    //JavaScript 语句 1
}
else if( 表达式 2 ) {
    //JavaScript 语句 2
}
else {
    //JavaScript 语句 3
}
```

其中，当表达式 1 的值为 true 时，执行 JavaScript 语句 1，否则进行再判断，判断表达式 2 如果为 true，执行语句 2，否则执行语句 3。

4．switch 结构

基本语法如下：

```
switch( 表达式 ){
  case 值 1:
```

```
//JavaScript 语句 1
  break;
case 值 2:
//JavaScript 语句 2
  break;
……
default:
//JavaScript 语句 n
  break;
}
```

其中，case 表示条件判断，关键字 break 会使代码跳出 switch 语句，如果没有关键字 break，代码就会继续执行，进入下一个 case。关键字 default 说明表达式的结果不等于任何一种情况。

在 JavaScript 中，switch 语句可以用于数值和字符串，例如：

```
var weekday=" 星期一 ";
switch(weekday){
  case " 星期一 ":
    alert(" 新的一周开始了 ");
    break;
  case " 星期五 ":
    alert(" 明天就可以休息了 ");
    break;
  default:
    alert(" 努力工作 ");
    break;
  }
```

4.2.6　信息提示的使用

在网上冲浪时，页面上经常会弹出一些信息提示框，例如注册时弹出提示输入信息的提示框，或者弹出一个等待用户输入数据的对话框等，这样的输入或输出信息提示框在 JavaScript 中称为警告对话框（alert）和提示对话框（prompt）。

1. 警告（alert）

alert() 方法前面已经用过，此方法会创建一个特殊的小窗口，该窗口带有一个字符串和一个"确定"按钮，如图 4.7 所示。

图 4.7　警告对话框

alert() 方法的基本语法格式为：

```
alert(" 提示信息 ");
```

该方法将弹出一个警告对话框，其内容可以是一个变量的值，也可以是一个表达式的值。如果要显示其他类型的值，需要将其强制转换为字符串型。以下代码都是合法的：

```
var userName="rose";
var string1=" 我的名字叫 rose";
alert("Hello World");
alert(" 我的名字叫 "+userName);
alert(string1);
```

2. 提示（prompt）

prompt() 方法会弹出一个提示对话框，等待用户输入一行数据。

prompt() 方法的基本语法格式为：

```
prompt(" 提示信息 "," 输入框的默认信息 ");
```

> **注意**
>
> 程序调试是 JavaScript 中的一个重要环节，在 JavaScript 中 alert() 方法经常被用来进行调试程序。通过 alert() 方法将不确定的数据以信息框的方式展示，以此来判断出现错误的位置。

4.3　函数

在 JavaScript 中，函数是程序的基本单元，是完成特定任务的代码语句块，执行特定的功能。

JavaScript 中的函数有两种：一种是 JavaScript 自带的系统函数，另一种是用户自行创建的自定义函数。下面分别来学习这两种函数。

4.3.1　系统函数

JavaScript 提供了许多系统函数供开发人员使用，这些系统函数已经实现了某些功能，开发人员直接调用就可以了。后续的学习中，我们会接触到很多系统函数，大家接触到时再进行详细讲解，下面举例介绍几个比较常用的系统函数。

1. parseInt() 与 parseFloat()

parseInt() 函数可解析一个字符串，并返回一个整数，语法格式为：

```
parseInt(" 字符串 ")
```

例如：

```
var num1=parseInt("78.89")              // 返回值为 78
var num2=parseInt("4567color")          // 返回值为 4567
var num3=parseInt("this36")             // 返回值为 NaN
```

parseFloat() 函数可解析一个字符串，并返回一个浮点数，语法格式为：

```
parseFloat(" 字符串 ")
```

parseFloat() 函数与 parseInt() 函数的处理方式相似，从位置 0 开始查看每个字符，直到找到第一个非有效的字符为止，然后把该字符之前的字符串转换为浮点数。

对于这个函数来说，第一个出现的小数和点是有效字符，如果有两个小数点，那么第二个小数点被看作是无效的。例如：

```
var num1=parseFloat("4567color");       // 返回值为 4567
var num1=parseFloat("45.58");           // 返回值为 45.58
var num1=parseFloat("45.58.25");        // 返回值为 45.58
var num1=parseFloat("color4567");       // 返回值为 NaN
```

2. isNaN()

isNaN() 函数用于检查其参数是否是非数字，语法格式为：

```
isNaN(x)
```

如果 x 是特殊的非数字值，返回值就是 true，否则返回 false。例如：

```
var flag1=isNaN("12.5");                // 返回值为 false
var flag2=isNaN("12.5s");               // 返回值为 true
var flag3=isNaN(45.8);                  // 返回值为 false
```

> **注意**
>
> isNaN() 函数通常用于检测 parseFloat() 和 parseInt() 的结果，以判断它们表示的是否是合法的数字。也可以用 isNaN() 函数来检测算数的错误，例如用 0 作除数的情况。

4.3.2 自定义函数

1. 定义函数

在 JavaScript 中，自定义函数由关键字 function、函数名、一组参数以及置于括号中的待执行的 JavaScript 语句组成，语法格式为：

```
function 函数名 ( 参数 1, 参数 2, 参数 3,…){
//JavaScript 语句
[return 返回值 ]
}
```

- function 是定义函数的关键字，必须得有。

- 参数 1、参数 2 等是函数的参数。因为 JavaScript 本身是弱类型，所以它的参数也没有类型检查和类型限定。函数中的参数是可选的，根据函数是否带参数，可分为不带参数的无参函数和有参函数。例如：

```
function 函数名 (){
    //JavaScript 语句
}
```

- "{"和"}"定义了函数的开始和结束。
- return 语句用来规定函数返回的值。

2. 调用函数

要执行一个函数，必须先调用这个函数。当调用函数时，必须指定函数名及其后面的参数（如果有参数）。函数的调用一般和元素的事件结合使用，调用格式如下：

```
事件名 =" 函数名 ()";
```

下面通过示例 3 和示例 4 来学习如何定义函数和调用函数。

✪ 示例 3

```
<script type="text/javascript">
<!--
function showHello(){
    for(var i=0;i<5;i++){
        document.write("<h2>Hello World</h2>");
    }
}
-->
</script>
……
<input name="btn" type="button" value=" 显示 5 次 HelloWorld" onclick= "showHello()" />
```

- showHello() 是创建的无参函数。
- onclick 表示按钮的单击事件，当单击按钮时调用函数 showHello()。

在浏览器中运行示例 3，如图 4.8 所示，单击"显示 5 次 HelloWorld"按钮，调用无参函数 showHello()，在页面中循环输出 5 行"Hello World"。

图 4.8　调用无参函数

在示例 3 中使用的是无参函数，运行一次页面只能输出 5 行"Hello World"，如果需要根据用户的要求每次输出不同行数，该怎么办呢？有参函数可以实现这样的功能。

下面修改示例 3，把函数 showHello() 修改成一个有参函数，使用 prompt() 提示用户每次输出"Hello World"的行数，然后将 prompt() 方法返回的值作为参数传递给函数 showHello()。

❂ 示例 4

```
<script type="text/javascript">
<!--
function showHello(count){
   for(var i=0;i<count;i++){
    document.write("<h2>Hello World</h2>");
   }
}
-->
</script>
……
<input name="btn" type="button" value=" 请输入显示 HelloWorld 的次数 "
    onclick="showHello(prompt(' 请输入显示 Hello World 的次数 :',''))"/>
……
```

- count 表示传递的参数，不需要定义数据类型。
- 将 prompt() 方法返回的值作为参数传递给函数 showHello(count)。

在浏览器中运行示例 4，单击页面上的按钮，弹出提示用户输入显示 Hello World 次数的窗口，用户输入值后，根据用户输入的值在页面上输出 Hello World，如图 4.9 所示。

图 4.9 调用有参函数

4.3.3　变量的作用域

在 JavaScript 中，根据变量作用范围不同，可分为全局变量和局部变量。

JavaScript 中的全局变量，是在所有函数之外的脚本中声明的变量，作用范围是该变量定义后的所有语句，包括其后定义的函数中的代码，以及其后的 <script> 与 </script> 标签中的代码，例如下面的示例 5 代码中声明的变量 i。

JavaScript 中的局部变量，是在函数内声明的变量，只有在该函数中且位于该变量之后的代码可以使用这个变量，如果之后的其他函数中声明了与这个局部变量同名的变量，则后声明的变量与这个局部变量毫无关系。

请使用断点调试的方式运行示例 5，分析全局变量和局部变量的作用。

✪ 示例 5

```
<html>
<head>
<meta http-equiv="Content-Type" content="text/html; charset=utf-8" />
<title> 变量的作用范围 </title>
<script type="text/javascript">
<!--
var i=20;
function first(){
  var i=5;
  for(var j=0;j<i;j++){
    document.write("    "+j);
  }
}
function second(){
  var t=prompt(" 输入一个数 ","")
  if(t>i){
    document.write(t);}
  else{
    document.write(i);}
  first();
}
-->
</script>
</head>
<body onload="second()">
</body>
</html>
```

运行上面的例子，在 prompt() 弹出的输入框中输入 12，单击"确定"按钮，运行效果如图 4.10 所示。

图 4.10　变量的作用范围

　　这里使用了 onload 事件，onload 事件会在页面加载完成时立即发生。将断点设置在"var i=20;"处。

　　这一行按单步运行。我们会发现，先执行 var i=20，设置 i 为全局变量。接着运行onload 事件调用 second() 函数，在函数中，因为输入的值 12 小于 20，因此执行 else 语句，即在页面中输出 20。然后执行函数 first()，在函数 first() 中，声明的 i 为局部变量，它只作用于函数 first() 中，因此 for 循环输出了 0、1、2、3、4。

本章总结

- JavaScript 的基本语法以及 3 种调用方式。
- 条件结构 if 语句及 switch 语句的用法。
- 自定义函数使用关键字 function。
- 调用函数常使用的格式：事件名 =" 函数名 ()";。

本章作业

　　1．简述 JavaScript 的组成以及每部分的作用。

　　2．使用 prompt() 方法在页面中弹出提示对话框，根据用户输入星期一～星期日的不同，弹出不同的信息提示对话框，要求使用函数实现，具体要求如下。

- 输入"星期一"时，弹出"新的一周开始了"。
- 输入"星期二""星期三""星期四"时，弹出"努力工作"。
- 输入"星期五"时，弹出"明天就是周末了"。
- 输入"星期六""星期日"时，弹出"放松的休息"。

　　效果如图 4.11 至图 4.13 所示。

4
Chapter

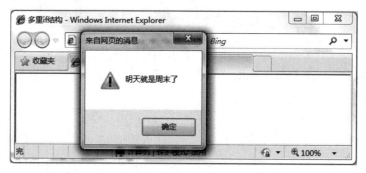

图 4.11　输入星期

图 4.12　提示正确信息

图 4.13　提示错误信息

第5章

JavaScript 对象

技能目标

- 学会使用 document 对象的方法访问 DOM 元素
- 学会使用 Date 对象、定时函数、数组

本章导读

　　本章主要介绍组成 BOM 核心对象的用法，包括 window、document、location 和 history 对象，同时还要学习 Date 对象和常用的定时函数，在完成项目案例的同时，数组的加入可以大大优化你的程序。

知识服务

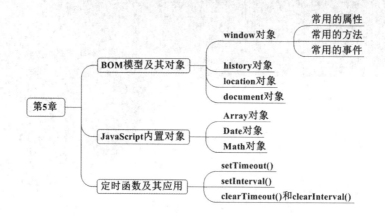

5.1 BOM 模型及其对象

BOM 是浏览器对象模型的简称，它是 JavaScript 的组成之一，用来控制浏览器的各种操作。BOM 提供了独立于内容的、可以与浏览器窗口进行交互的一系列对象，这些对象分别对浏览器进行不同的交互操作。BOM 的主要功能如下。

- 弹出新的浏览器窗口。
- 移动、关闭浏览器窗口及调整窗口大小。
- 实现页面的前进和后退功能。
- 提供 Web 浏览器详细信息的导航对象。
- 提供用户屏幕分辨率详细信息的屏幕对象。
- 支持 Cookies。

由于 BOM 还没有相关的统一标准，这样就导致了每种浏览器都有其自己对 BOM 的实现方式，W3C 组织目前正致力于促进 BOM 的标准化。

BOM 最直接的作用是将相关的元素组织包装起来，提供给程序设计人员使用，从而降低开发人员的劳动量，提高设计 Web 页面的能力。BOM 是一个分层结构，如图 5.1 所示。

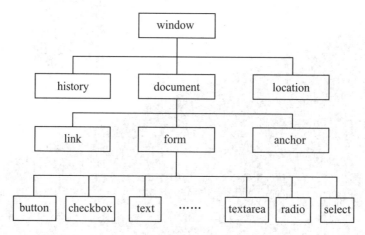

图 5.1　BOM 模型

接下来，我们详细介绍 BOM 各个核心对象的用法。

从图 5.1 可以看出，window 对象是整个 BOM 的核心。在浏览器中打开网页后，首先看到的是浏览器窗口，即顶层的 window 对象；其次是网页文档内容，即 document（文档），它的内容包括一些超链接（link）、表单（form）、锚（anchor）等，表单由文本框（text）、单选按钮（radio）、按钮（button）等表单元素组成。在浏览器对象结构中，除了 document 对象外，window 对象之下还有两个对象：location（地址对象）和 history（历史对象），它们对应于 IE 中的地址栏和前进/后退按钮，我们可以利用这些对象的方法实现类似的功能。使用 BOM 通常可实现如下功能。

- 弹出新的浏览器窗口。
- 移动、关闭浏览器窗口及调整窗口的大小。
- 在浏览器窗口中实现页面的前进、后退功能。

5.1.1　window 对象

window 对象也称为浏览器对象。当浏览器打开 HTML 文档时，通常会创建一个 window 对象。如果文档定义了一个或多个框架，浏览器将为原始文档创建一个 window 对象，同时为每一个框架另外创建一个 window 对象。下面我们就来学习 window 对象常用的属性、方法和事件。

1. 常用的属性

window 对象常用的属性如表 5-1 所示。

表 5-1　window 对象常用的属性

名称	说明
history	有关客户访问过的 URL 的信息
location	有关当前 URL 的信息

在 JavaScript 中，属性的语法格式如下。

window. 属性名 =" 属性值 "

例如，window.location="http://www.sohu.com"; 表示跳转到 sohu 主页。

另外，这两个常用的属性就是前面提到的 BOM 模型中的对象，后面会详细介绍。

2. 常用的方法

window 对象常用的方法如表 5-2 所示。

在 JavaScript 中，方法的使用格式如下。

window. 方法名 ();

window 对象是全局对象，所以在使用 window 对象的属性和方法时，window 可以省略。例如，之前直接使用的 alert()，而不会写成 window.alert()。

表 5-2　window 对象常用的方法

名称	说明
prompt()	显示可提示用户输入的对话框
alert()	显示一个带有提示信息和"确定"按钮的警示对话框
confirm()	显示一个带有提示信息、"确定"和"取消"按钮的对话框
close()	关闭浏览器窗口
open()	打开一个新的浏览器窗口，加载给定 URL 所指定的文档
setTimeout()	在指定的毫秒数后调用函数或计算表达式
setInterval()	按照指定的周期（以毫秒计）来调用函数或表达式

下面选择几个比较常用的方法来介绍其具体用法。

（1）confirm() 方法

使用 confirm() 方法将弹出一个确认对话框，语法格式如下。

```
window.confirm(" 对话框中显示的纯文本 ");
```

例如，window.confirm(" 确认要删除此条信息吗 ?"); 表示在页面上弹出如图 5.2 所示的对话框。

在 confirm() 弹出的确认对话框中，有一条提示信息、一个"确定"按钮和一个"取消"按钮。如果用户单击"确定"按钮，则 confirm() 返回 true；如果单击"取消"按钮，则 confirm() 返回 false。

图 5.2　确认对话框

在用户单击"确定"按钮或"取消"按钮将对话框关闭之前，confirm() 将阻止用户对浏览器的所有操作。也就是说，当调用 confirm() 时，在用户作出应答（单击按钮或关闭对话框）之前，不会执行下一条语句，如示例 1 所示。

☺ 示例 1

```
<html>
<head>
<meta http-equiv="Content-Type" content="text/html; charset=gb2312" />
<title> 确认对话框 </title>
<script type="text/javascript">
var flag=confirm(" 确认要删除此条信息吗 ?");
if(flag==true){
    alert(" 删除成功 !");
}else{
    alert(" 你取消了删除 ");
}
</script>
</head>
<body>
</body>
</html>
```

在浏览器中运行示例 1，如果单击"确定"按钮，则弹出如图 5.3 所示的对话框；如果单击"取消"按钮，则弹出如图 5.4 所示的对话框。

图 5.3　单击"确定"按钮

图 5.4　单击"取消"按钮

之前已经学习了 prompt() 方法和 alert() 方法的用法，与 confirm() 方法相比较，虽然它们都是在页面上弹出对话框，但作用却不相同。

- alert() 只有一个参数，仅显示警告对话框的消息，无返回值，不能对脚本产生任何改变。
- prompt() 有两个参数，是输入对话框，用来提示用户输入一些信息，单击"取消"按钮返回 null，单击"确定"按钮则返回用户输入的值，常用于收集用户关于特定问题而反馈的信息。
- confirm() 只有一个参数，是确认对话框，显示提示对话框的消息、"确定"按钮和"取消"按钮，单击"确定"按钮返回 true，单击"取消"按钮返回 false，因此常用于 if…else 语句。

（2）open() 方法

在页面上弹出一个新的浏览器窗口，弹出窗口的语法格式如下。

```
window.open(" 弹出窗口的 url"," 窗口名称 "," 窗口特征 ")
```

窗口的特征属性如表 5-3 所示。

表 5-3　窗口的特征属性

名称	说明
height、width	窗口文档显示区的高度、宽度，以像素计
left、top	窗口的 x 坐标、y 坐标，以像素计
toolbar=yes | no |1 | 0	是否显示浏览器的工具栏，默认是 yes
scrollbars=yes | no |1 | 0	是否显示滚动条，默认是 yes
location=yes | no |1 | 0	是否显示地址栏，默认是 yes
status=yes | no |1 | 0	是否添加状态栏，默认是 yes
menubar=yes | no |1 | 0	是否显示菜单栏，默认是 yes
resizable=yes | no |1 | 0	窗口是否可调节尺寸，默认是 yes
titlebar=yes | no |1 | 0	是否显示标题栏，默认是 yes
fullscreen=yes | no |1 | 0	是否使用全屏模式显示浏览器，默认是 no

open() 方法的具体用法参见后面的示例。

（3）close() 方法

close() 方法用于关闭浏览器窗口，语法格式如下。

```
window.close();
```

setTimeout() 和 setInterval() 方法将在后面详细讲解。

3. 常用的事件

window 对象的方法通常和事件结合使用，其实 window 对象有很多事件，比较常用的 window 对象事件如表 5-4 所示。

表 5-4　window 对象的常用事件

名称	说明
onload	一个页面或一幅图像完成加载
onmouseover	鼠标指针移到某元素之上
onclick	鼠标单击某个对象
onkeydown	某个键盘按键被按下
onchange	域的内容被改变

在网上冲浪时，通常打开一个页面就会有广告页面或网站的信息声明页面等弹出来，并且很多网站的页面中有可以对当前窗口进行关闭的按钮。在线观看电影时，经常会通过全屏显示观看。这些功能都可以通过 window 对象来实现，下面就通过一个示例来学习 window 对象操作窗口。

● 示例 2

```html
<html>
<head>
<meta http-equiv="Content-Type" content="text/html; charset=gb2312" />
<title>window 对象操作窗口 </title>
<script type="text/javascript">
/* 弹出窗口 */
function open_adv(){
    window.open("adv.html");
}
/* 弹出固定大小窗口，并且无菜单栏等 */
function open_fix_adv(){
    window.open("adv.html","","height=380,width=320,toolbar=0,scrollbars=0, location=0,status=0,
        menubar=0,resizable=0");
}
/* 全屏显示 */
function fullscreen(){
    window.open("plan.html","","fullscreen=yes");
}
```

```
/* 弹出确认消息对话框 */
function confirm_msg(){
    if(confirm(" 你相信自己是最棒的吗 ?")){
        alert(" 有信心必定会赢 , 没信心一定会输 !");
    }
}
/* 关闭窗口 */
function close_plan(){
    window.close();
}
</script>
</head>
<body>
<form action="" method="post">
  <p><input name="open1" type="button" value=" 弹出窗口 " onclick= "open_adv()" /></p>
  <p><input name="open2" type="button" value=" 弹出固定大小窗口 , 且无菜单栏等 "onclick="
      open_fix_adv()"/></p>
  <p><input name="full" type="button" value=" 全屏显示 " onclick= "fullscreen()" /></p>
  <p><input name="con" type="button" value=" 打开确认窗口 " onclick= "confirm_msg()" /></p>
  <p><input name="c" type="button" value=" 关闭窗口 " onclick= "close_plan()" /></p>
</form>
</body>
</html>
```

示例 2 将 window 对象的事件、方法与前面学习的函数结合起来，实现了弹出窗口、全屏显示页面、打开确认窗口和关闭窗口的功能。

首先创建不同的函数实现各个功能，然后通过各个按钮的单击事件来调用对应的函数，实现弹出窗口、全屏显示等功能。在浏览器中运行示例 2，运行结果如图 5.5 所示。

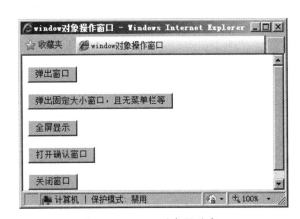

图 5.5　window 对象操作窗口

● 用户单击 " 弹出窗口 " 按钮时，调用 open_adv() 函数，这个函数会调用 window.open() 方法弹出新窗口，显示广告页面（预先保存了本页面，名称为 adv.html）。由于 open() 方法只设定了打开窗口的页面，而没有对窗口名称和窗口特征进行设置，因此弹出的窗口和通常大家使用浏览器时弹出的窗口一样。

- 用户单击"弹出固定大小窗口，且无菜单栏等"按钮时，同样调用了 open() 方法，但是此方法对弹出窗口的大小，是否有菜单栏、地址栏等进行了设置，即弹出的窗口大小固定，不能改变窗口大小，没有地址栏、菜单栏、工具栏等，如图 5.6 所示。

图 5.6 弹出窗口

- 单击"全屏显示"按钮，同样调用了 open() 方法，设置全屏显示的页面是 plan.html，fullscreen 的值为 yes，即全屏模式显示浏览器。
- 单击"打开确认窗口"按钮，调用 confirm_msg() 函数，在这个函数中使用了 if…else 语句，并且把 confirm() 方法的返回值作为 if…else 语句的表达式进行判断。在 confirm() 弹出的确定对话框中，当单击"确定"按钮时，使用 alert() 方法弹出一个警告对话框，否则什么也不显示。
- 单击"关闭窗口"按钮，调用 close() 方法，将关闭当前窗口。

从示例 2 中可以看到，代码都是通过按钮的单击事件调用函数的。实际上，如果一个函数只调用一次，并且是加载页面时直接调用的，则可以使用网上常用的匿名函数的方式实现，语法格式如下。

```
事件名 =function(){
  //JavaScript 代码
}
```

示例 2 如果要求打开页面即弹出广告窗口，则可把函数 open_adv() 修改为如下代码。

```
window.onload=function(){
  window.open("adv.html");
}
```

5.1.2 history 对象

history 对象提供用户最近浏览过的 URL 列表。但出于隐私方面的原因，history 对象不再允许脚本访问已经访问过的实际 URL，但可以使用它提供的逐个返回访问过的页面的方法，如表 5-5 所示。

表 5-5　history 对象的方法

名称	描述
back()	加载 history 对象列表中的前一个 URL
forward()	加载 history 对象列表中的后一个 URL
go()	加载 history 对象列表中的某个具体 URL

- back() 方法会让浏览器加载前一个浏览过的文档，history.back() 等效于浏览器中的"后退"按钮。
- forward() 方法会让浏览器加载后一个浏览过的文档，history.forward() 等效于浏览器中的"前进"按钮。
- go(n) 方法中的 n 是一个具体的数字，当 n>0 时，装入历史列表中往前数的第 n 个页面；当 n=0 时，装入当前页面；当 n<0 时，装入历史列表中往后数的第 n 个页面。例如，history.go(1) 代表前进 1 页，相当于 IE 中的"前进"按钮，等价于 forward() 方法；history.go(-1) 代表后退 1 页，相当于 IE 中的"后退"按钮，等价于 back() 方法。

5.1.3　location 对象

location 对象提供当前页面的 URL 信息，并且可以重新装载当前页面或装入新页面，表 5-6 和表 5-7 列出了 location 对象的属性和方法。

表 5-6　location 对象的属性

名称	描述
host	设置或返回主机名和当前 URL 的端口号
hostname	设置或返回当前 URL 的主机名
href	设置或返回完整的 URL

表 5-7　location 对象的方法

名称	描述
reload()	重新加载当前文档
replace()	用新的文档替换当前文档

location 对象常用的属性是 href，通过对此属性设置不同的网址，从而达到跳转功能。下面通过示例 3 来学习如何使用 JavaScript 来实现跳转功能。在示例 3 中有 main.html 和 flower.html 页面，main.html 页面显示鲜花介绍，实现查看鲜花详情的页面跳转和刷新本页面的功能，flower.html 页面可以查看鲜花的详细情况和返回主页面的链接，

关键代码如示例 3 所示。

⭐ 示例 3

main.html 页面的代码如下。

```html
<!-- 省略部分 HTML 代码 -->
<body>
<img src="images/flow.jpg" alt=" 鲜花 " /><br />
<a href="javascript:location.href='flower.html'"> 查看鲜花详情 </a>
<a href="javascript:location.reload()"> 刷新本页 </a>
</body>
```

flower.html 页面的代码如下。

```html
<!-- 省略部分 HTML 代码 -->
<body>
<img src="images/flow.jpg" />
<p style="text-align:right;"><a href="javascript:history.back()"> 返回主页面 </a></p>
<p> 服务提示 :</p> 非节日期间 , 可指定时间段送达 ; 并且……<br />
<!-- 省略部分 HTML 代码 -->
</body>
```

在浏览器中运行示例 3，如图 5.7 所示，在 main.html 页面中单击 "刷新本页" 链接，通过 location 对象的 reload() 方法刷新本页；单击 "查看鲜花详情" 链接，通过 location 对象的 href 属性跳转到 flower.html 页面，如图 5.8 所示。在 flower.html 页面中单击 "返回主页面" 链接，通过 history 对象的 back() 方法跳转到主页面。

图 5.7　使用 location 和 history 对象的效果图（1）

图 5.8　使用 location 和 history 对象的效果图（2）

在示例 3 中使用了 location.href="url" 实现页面跳转，这里也可省略 href，直接使用 location="url" 来实现页面跳转。之前使用了 <a href="url"> 方式实现页面跳转，但是这种方式跳转的是固定的页面，而使用 location 对象的 href 属性可以动态地改变链接的页面。

5.1.4　document 对象

document 对象既是 window 对象的一部分，又代表了整个 HTML 文档，可用来访问页面中的所有元素。所以在使用 document 对象时，除了要适用于各浏览器外，还要符合 W3C 的标准。

本节主要学习 document 对象的常用属性和方法，下面首先学习 document 对象的常用属性。

1. 常用的属性

document 对象的常用属性如表 5-8 所示。

表 5-8　document 对象的常用属性

属性	描述
referrer	返回载入当前文档的 URL
URL	返回当前文档的 URL

referrer 的语法格式如下。

```
document.referrer
```

当前文档如果不是通过超链接访问的，则 document.referrer 的值为 null。

```
document.URL
```

上网浏览某个页面时，由于不是由指定的页面进入的，系统将会提醒不能浏览本页面或者直接跳转到其他页面，这样的功能实际上就是通过 referrer 属性来实现的。下面通过示例 4 来学习 referrer 的用法，代码如下所示。

⭕ 示例 4

index.html 页面关键代码如下。

```
<!-- 省略部分 HTML 代码 -->
<body>
<img src="images/d1.jpg" alt=" 中奖 " />
<h1><a href="praise.html"> 马上去领奖啦 !</a></h1>
</body>
```

在 index.html 中单击"马上去领奖啦！"链接，进入 praise.html 页面，如图 5.9 所示。在 praise.html 页面中使用 referrer 属性获得链接进入本页的页面地址，然后判断是否从领奖页面进入，如果不是，则页面自动跳转到登录页面（login.html 页面），praise.html 页面的关键代码如下所示。

图 5.9　praise.html 页面

```
<!-- 省略部分 HTML 代码 -->
<title> 奖品显示页面 </title>
<script type="text/javascript">
var preUrl=document.referrer;          // 载入本页面文档的地址
if(preUrl==""){
    document.write("<h2> 您不是从领奖页面进入，5 秒后将自动跳转到登录页面 </h2>");
    setTimeout("javascript:location.href='login.html'",5000);
}
</script>
</head>
<body>
<h2> 大奖赶快拿啦！笔记本！数码相机 !</h2>
</body>
```

　　praise.html 页面关键代码中使用的 setTimeout() 是定时函数，具体用法将在后面学习，只需要知道它在这里的作用是延迟 5 秒后自动跳转到 login.html 页面即可。

　　如果上述页面直接在本地运行，则无论是否从其他页面进入，referrer 获取的地址都将是一个空字符串。因此，需要模拟网站服务器端运行并查看效果：将此页面放在本机 IIS 下的某个虚拟主目录下或其他服务器上进行访问，假如已部署到某服务器，则在浏览器地址栏中输入 "http:// localhost/referrer/index.html" 访问领奖页面，单击 "马上去领奖啦！" 链接进入 praise.html 页面，如图 5.10 所示。

图 5.10　奖品显示页面

　　如果直接在浏览器的地址栏中输入 "http://localhost/referrer/parise.html" 访问奖品

显示页面，则出现如图 5.11 所示的页面，提示用户进入本页的链接地址不正确。

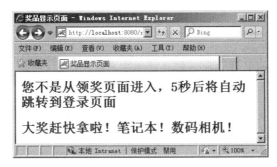

图 5.11 错误地进入奖品显示页面

5 秒后自动进入用户登录页面，如图 5.12 所示。

图 5.12 用户登录页面

2. 常用的方法

document 对象的常用方法如表 5-9 所示。

表 5-9 document 对象的常用方法

方法	描述
getElementById()	返回对拥有指定 id 的第一个对象的引用
getElementsByName()	返回带有指定名称的对象的集合
getElementsByTagName()	返回带有指定标签名的对象的集合
write()	向文档写文本、HTML 表达式或 JavaScript 代码

- getElementById() 方法一般用于访问 DIV、图片、表单元素、网页标签等，但要求访问对象的 id 是唯一的。

- getElementsByName() 方法与 getElementById() 方法相似，但它访问元素的 name 属性，由于一个文档中的 name 属性可能不唯一，因此 getElementsByName() 方法一般用于访问一组 name 属性相同的元素，如具有相同 name 属性的单选按钮、复选框等。

- getElementsByTagName() 方法是按标签来访问页面元素的，一般用于访问一组相同的元素，如一组 <input>、一组图片等。

下面通过示例 5 来学习 getElementById()、getElementsByName() 和 getElementsBy-TagName() 的用法和区别，代码如下所示。

☼ 示例 5

```html
<!-- 省略部分 HTML 代码 -->
<script type="text/javascript">
function changeLink(){
    document.getElementById("node").innerHTML=" 搜狐 ";
}
function all_input(){
    var aInput=document.getElementsByTagName("input");
    var sStr="";
    for(var i=0;i<aInput.length;i++){
        sStr+=aInput[i].value+"<br />";
    }
    document.getElementById("s").innerHTML=sStr;
}
function s_input(){
    var aInput=document.getElementsByName("season");
    var sStr="";
    for(var i=0;i<aInput.length;i++){
        sStr+=aInput[i].value+"<br />";
    }
    document.getElementById("s").innerHTML=sStr;
}
</script>
</head>
<body>
 <div id="node"> 新浪 </div>
 <input name="b1" type="button" value=" 改变层内容 " onclick="changeLink();"
 /><br />
 <br /><input name="season" type="text" value=" 春 " />
 <input name="season" type="text" value=" 夏 " />
 <input name="season" type="text" value=" 秋 " />
 <input name="season" type="text" value=" 冬 " />
 <br /><input name="b2" type="button" value=" 显示 input 内容 "
```

```
onclick="all_input()" />
<input name="b3" type="button" value=" 显示 season 内容 " onclick="s_input()" />
<p id="s"></p>
</body>
```

此示例中有 3 个按钮、4 个文本框、1 个 div 层和 1 个 <p> 标签，在浏览器中的页面效果如图 5.13 所示。

图 5.13　使用 document 方法的页面效果图

● 单击"改变层内容"按钮，调用 changeLink() 函数，在函数中使用 getElementById() 方法改变 id 为 node 的层的内容为"搜狐"，如图 5.14 所示。

图 5.14　改变层内容

● 单击"显示 input 内容"按钮调用 all_input() 函数，使用 getElementsByTag-Name() 方法获取页面中所有标签为 <input> 的对象，即获取了 3 个按钮和 4 个文本框对象，然后将这些对象保存在数组 aInput 中。与 Java 中读取数组的方式相同，JavaScript 使用 length 属性获取 aInput 中元素的个数，使用 for 循环依次读取数组中对象的值并保存在变量 sStr 中，最后使用 getElementById() 方法把变量 sStr 中的内容显示在 id 为 s 的 <p> 标签中，如图 5.15 所示。

● 单击"显示 season 内容"按钮，调用 s_input() 函数，使用 getElementsBy-Name() 方法获取 name 为 season 的标签对象，然后把这些对象的值用 getElementById() 方法显示在 id 为 s 的 <p> 标签中，如图 5.16 所示。

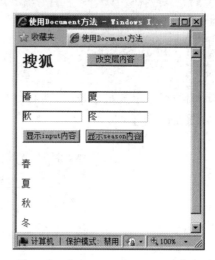

图 5.15　显示所有 input 的内容　　　图 5.16　显示 name 为 season 的内容

innerHTML 是几乎所有的 HTML 元素都有的属性。它是一个字符串，用来设置或获取当前对象的开始标签和结束标签之间的 HTML。

以上学习了 document 对象的属性和方法，但是在实际工作中，常将 document 对象应用于复选框的全选效果。

3. 复选框的全选 / 全不选效果

复选框的使用方便了用户针对某些问题时选择一个或多个选项，乃至选择所有的选项，如对邮件列表、商品列表等的操作，如图 5.17 所示。

图 5.17　复选框全部选中

现在我们就通过 JavaScript 来实现复选框全选或全不选的功能。

判断复选框是否被选中的属性是 checked，如果 checked 属性的值为 true，则说明复选框已选中；如果 checked 属性的值为 false，则说明复选框未被选中。可以先将每个复选框的 name 设置为同名，然后使用 getElementsByName() 方法访问所有同名的复选框，最后使用循环语句来统一设置所有复选框的 checked 属性，从而实现全选 / 全不选效果，关键代码如示例 6 所示。

☼ 示例 6

```
<!-- 省略部分 HTML 代码和 CSS 代码 -->
<script type="text/javascript">
 function check(){
   var oInput=document.getElementsByName("product");
   for (var i=0;i<oInput.length;i++)
     oInput[i].checked=document.getElementById("all").checked;
}
</script>
</head>
<body><table border="0" cellspacing="0" cellpadding="0" class="bg">
  <!-- 省略部分 HTML 代码 -->
  <td><input id="all" type="checkbox" value=" 全选 " onclick="check();" />
  全选 </td>
  <td> 商品图片 </td>
  <td> 商品名称 / 出售者 / 联系方式 </td>
  <td> 价格 </td>
  <!-- 省略部分 HTML 代码 -->
  <td><input name="product" type="checkbox" value="1" /></td>
  <!-- 省略部分 HTML 代码 -->
  <td><input name="product" type="checkbox" value="2" /></td>
  <!-- 省略部分 HTML 代码 -->
  <td><input name="product" type="checkbox" value="3" /></td>
  <!-- 省略部分 HTML 代码 -->
  <tr>
  <td><input name="product" type="checkbox" value="4" /></td>
  <!-- 省略部分 HTML 代码 -->
```

在 check() 函数中，获取所有 name 为 product 的复选框，并保存在数组 oInput 中，然后使用 getElementById() 方法获取 id 为 all 的"全选"复选框，并获得其 checked 属性值，在循环遍历复选框组时，将这个值赋给每个复选框的 checked 属性，便能实现全选和全不选的效果。

5.2　JavaScript 内置对象

在 JavaScript 中，系统的内置对象有 Date 对象、Array 对象、String 对象和 Math 对象等。

- Array：用于在单独的变量名中存储一系列的值。
- Math：使我们有能力执行常用的数学任务，它包含了若干个数字常量和函数。
- Date：用于操作日期和时间。
- String：用于支持对字符串的处理。

本节主要介绍 Array 对象、Date 对象和 Math 对象，String 对象在后续的学习中接触。

5.2.1 Array 对象

数组是具有相同数据类型的一个或多个值的集合。JavaScript 中的数组用一个名称存储一系列的值，用下标区分数组中的每个值，数组的下标从 0 开始。

JavaScript 中数组的使用需要先创建、赋值，再访问数组元素，并通过数组的一些方法和属性对数组元素进行处理。

1. 创建数组

在 JavaScript 中创建数组的语法格式如下。

```
var 数组名称 = new Array(size);
```

其中，new 是用来创建数组的关键字，Array 表示数组的关键字，而 size 表示数组中可存放的元素总数，因此 size 用整数来表示。

例如，var fruit=new Array(5); 表示创建了一个名称为 fruit，有 5 个元素的数组。

2. 为数组元素赋值

在声明数组时，可以直接为数组元素赋值，语法格式如下。

```
var fruit= new Array("apple", "orange", "peach","bananer");
```

也可以分别为数组元素赋值，例如：

```
var fruit = new Array(4);
fruit [0] = "apple";
fruit [1] = "orange";
fruit [2] = "peach";
fruit [3] = "bananer";
```

另外，除了使用 Array() 对象外，数组还可以用方括号 "[" 和 "]" 来定义，例如：

```
var fruit= ["apple","orange","peach","bananer"];
```

3. 访问数组元素

可以通过数组的名称和下标直接访问数组的元素，访问数组的表示形式：数组名 [下标]。例如，fruit [0] 表示访问数组中的第 1 个元素，fruit 是数组名，0 表示下标。

4. 数组的常用属性和方法

数组是 JavaScript 中的一个对象，它有一组属性和方法，表 5-10 所示为数组的常用属性和方法。

表 5-10　数组的常用属性和方法

类别	名称	描述
属性	length	设置或返回数组中元素的数目
方法	join()	把数组的所有元素放入一个字符串，通过一个分隔符进行分隔
	sort()	对数组排序
	push()	向数组末尾添加一个或更多元素，并返回新的长度

- length

数组的 length 属性用于返回数组中元素的个数，返回值为整型。如果在创建数组时就指定了数组的 size 值，那么无论数组元素中是否存储了实际数据，该数组的 length 值都是这个指定的长度值（size）。例如，var score = new Array(6);，不管数组中的元素是否存储了实际数据，score.length 的值总是 6。

- join()

join() 方法通过一个指定的分隔符把数组元素放在一个字符串中，语法格式如下。

```
join( 分隔符 );
```

下面的示例 7 使用了 String 对象的 split() 方法，将一个字符串分割成数组元素，然后使用 join() 方法将数组元素放入一个字符串中，并使用符号"-"分隔数组元素，最后显示在页面中，代码如下所示。

✪ 示例 7

```
<html>
<head>
<title> 数组方法的应用 </title>
<script type="text/javascript">
<!--
  var fruit= "apple, orange, peach,bananer";
  var arrList=fruit.split(",");
  var str=arrList.join("-");
  document.write(" 分割前: "+fruit+"<br/>");
  document.write(" 使用 \"-\" 重新连接后 "+str);
-->
</script>
</head>
<body>
</body>
</html>
```

示例 7 的运行结果如图 5.18 所示。

其他方法可以通过网络在线帮助文档了解其用法，这里不再举例。

图 5.18　分割数组与连接字符串

5.2.2　Date 对象

在 JavaScript 中创建一个 Date 实例，语法格式如下。

```
var 日期实例 = new Date( 参数 );
```

其中：

- 日期实例是存储 Date 对象的变量。可以省略参数，如果没有参数，则表示当前日期和时间，例如：

```
var today = new Date();          // 将当前日期和时间存储在变量 today 中
```

- 参数是字符串格式"MM DD, YYYY, hh:mm:ss"，表示日期和时间，例如：

```
var tdate = new Date ("July 15, 2013, 16:34:28");
```

Date 对象有大量用于设置、获取和操作日期的方法，从而实现在页面中显示不同类型的日期时间。其中常用的是获取日期的方法，如表 5-11 所示。

表 5-11　Date 对象的常用方法

方法	说明
getDate()	返回 Date 对象的一个月中的每一天，其值为 1 ～ 31
getDay()	返回 Date 对象的星期中的每一天，其值为 0 ～ 6
getHours()	返回 Date 对象的小时数，其值为 0 ～ 23
getMinutes()	返回 Date 对象的分钟数，其值为 0 ～ 59
getSeconds()	返回 Date 对象的秒数，其值为 0 ～ 59
getMonth()	返回 Date 对象的月份，其值为 0 ～ 11
getFullYear()	返回 Date 对象的年份，其值为 4 位数
getTime()	返回自某一时刻（1970 年 1 月 1 日）以来的毫秒数

- getFullYear() 返回 4 位数的年份，getYear() 返回 2 位或 4 位的年份，常用 getFullYear() 获取年份。
- 获取星期几使用 getDay()：0 表示周日，1 表示周一，6 表示周六。
- 各部分时间表示的范围：除号数（一个月中的每一天）外，其他均从 0 开始计数。例如，月份 0 ～ 11，0 表示 1 月份，11 表示 12 月份。

下面使用 Date 对象的方法显示当前时间的小时、分钟和秒，代码如示例 8 所示。

✪ 示例 8

```html
<html>
<head>
<meta http-equiv="Content-Type" content="text/html; charset=gb2312" />
<title> 时钟特效 </title>
<script type="text/javascript">
function disptime(){
   var today = new Date();              // 获得当前时间
   /* 获得小时、分钟、秒 */
   var hh=today.getHours();
   var mm=today.getMinutes();
   var ss = today.getSeconds();
   /* 设置 div 的内容为当前时间 */
      document.getElementById("myclock").innerHTML="<h1> 现在是 :"
            +hh+":"+mm+": "+ss+ " <h1>";
}
</script>
</head>
<body onload="disptime()">
<div id="myclock"></div>
</body>
</html>
```

在示例 8 中，使用 Date 对象的 getHours() 方法、getMinutes() 方法和 getSeconds() 方法获取当前时间的小时、分钟和秒，通过 innerHTML 属性将时间显示在 id 为 myclock 的 div 元素中。运行结果如图 5.19 所示。

图 5.19　显示当前时间

5.2.3　Math 对象

Math 对象提供了许多与数学相关的功能，它是 JavaScript 的一个全局对象，不需要创建，直接作为对象使用就可以调用其属性和方法。Math 对象常用方法如表 5-12 所示。

表 5-12　Math 的常用方法

方法	说明	示例
ceil()	对数进行上舍入	Math.ceil(25.5); 返回 26 Math.ceil(-25.5); 返回 -25
floor()	对数进行下舍入	Math.floor(25.5); 返回 25 Math.floor(-25.5); 返回 -26
round()	把数四舍五入为最接近的数	Math.round(25.5); 返回 26 Math.round(-25.5); 返回 -26
random()	返回 0 ~ 1 中的随机数	Math.random();，例如 0.6273608814137365

random() 方法返回的随机数不包括 0 和 1，且都是小数，如果想选择一个 1 ~ 100 中的整数（包括 1 和 100），则代码如下所示。

```
var iNum=Math.floor(Math.random()*100+1);
```

如果希望返回的整数为 2 ~ 99，只有 98 个数字，第一个值为 2，则代码如下所示。

```
var iNum=Math.floor(Math.random()*98+2);
```

5.3　定时函数及其应用

在示例 8 中，时间是静止的，不能动态更新。若要像电子表一样不停地动态改变时间，则需要使用定时函数。

JavaScript 中提供了两个定时函数：setTimeout() 和 setInterval()。此外，还提供了用于清除 timeout 的两个函数：clearTimeout() 和 clearInterval()。

1．setTimeout()

setTimeout() 用于在指定的毫秒后调用函数或计算表达式，语法格式如下。

```
setTimeout(" 调用的函数名称 ", 等待的毫秒数 )
```

下面使用 setTimeout() 函数实现 3 秒后弹出对话框，代码如下所示。

```
<html>
<head>
<meta http-equiv="Content-Type" content="text/html; charset=gb2312" />
<title> 定时函数应用 </title>
<script type="text/javascript">
function timer(){
    var t=setTimeout("alert('3 seconds')",3000);
}
</script>
</head>
<body>
<form action="" method="post">
```

```
<input name="s" type="button" value=" 显示消息框 " onclick="timer()" />
</form>
</body>
</html>
```

● 3000 表示 3000 毫秒，即 3 秒。

● 单击按钮调用 timer() 函数时，弹出一个警示对话框，由于使用了 setTimeout() 函数，因此调用函数 timer() 后，需要等待 3 秒，才能弹出警示对话框。

在浏览器中运行并单击"显示消息框"按钮，等待 3 秒后，弹出如图 5.20 所示的警示对话框。

图 5.20　警示对话框

2. setInterval()

setInterval() 可按照指定的周期（以毫秒计）来调用函数或计算表达式，语法格式如下。

```
setInterval(" 调用的函数名称 ", 周期性调用函数之间间隔的毫秒数 )
```

setInterval() 会不停地调用函数，直到窗口被关闭或被其他方法强制停止。修改上面的代码，将 setTimeout() 函数改为 setInterval() 函数，修改后的代码如下所示。

```
<!-- 省略部分 HTML 代码 -->
<script type="text/Javascript">
function timer(){
    var t=setInterval("alert('3 seconds')",3000)
}
</script>
<!-- 省略部分 HTML 代码 -->
```

在浏览器中重新运行上面的示例，单击"显示消息框"按钮，等待 3 秒后，弹出图 5.20 所示的对话框。关闭此对话框后，间隔 3 秒后又会弹出此对话框，并且只要把弹出的警示对话框关闭，3 秒后就会再次弹出此警示对话框。

> 🐾 注意
>
> 　　setTimeout() 只执行一次，如果要多次调用函数，则需要使用 setInterval() 或者让被调用的函数再次调用 setTimeout()。

知道了 setInterval() 函数的用法，现在将示例 8 改成时钟特效的效果，使时钟"动起来"，实现思路就是每过 1 秒都要重新获得当前时间并显示在页面上，修改后的代码如示例 9 所示。

✪ 示例 9

```
<html>
<head>
<meta http-equiv="Content-Type" content="text/html; charset=gb2312" />
<title> 时钟特效 </title>
<script type="text/javascript">
  function disptime(){
  // 获得当前时间
  var today = new Date();
  // 获得小时、分钟、秒
  var hh = today.getHours();
  var mm = today.getMinutes();
  var ss = today.getSeconds();
  /* 设置 div 的内容为当前时间 */
  document.getElementById("myclock").innerHTML=" 现在是 :<h1>"+hh
    +":"+mm+": "+ss+"<h1>";
}
/* 使用 setInterval() 每间隔指定毫秒后调用 disptime()*/
var myTime = setInterval("disptime()",1000);
</script>
</head>
<body>
<div id="myclock"></div>
</body>
</html>
```

在浏览器中运行示例 9，时钟已经"动起来"了，实现了真正的时钟特效。

3. clearTimeout() 和 clearInterval()

clearTimeout() 函数用来清除由 setTimeout() 函数设置的 timeout，语法格式如下。

```
clearTimeout (setTimeout() 返回的 ID 值 ) ;
```

clearInterval() 函数用来清除由 SetInterval() 函数设置的 timeout，语法格式如下。

```
clearInterval (setInterval() 返回的 ID 值 ) ;
```

现在将示例 9 实现的效果加一个需求，即通过单击按钮停止时钟特效，代码修改如示例 10 所示。

✪ 示例 10

```
<!-- 省略部分 HTML 和 JavaScript 代码 -->
var myTime = setInterval("disptime()",1000);
</script>
```

```
</head>
<body>
<div id="myclock"></div>
<input type="button" onclick="javaScript:clearInterval(myTime)"
    value=" 停止 ">
</body>
<!-- 省略部分 HTML 代码 -->
```

案例：变化的时钟

需求描述

制作显示年、月、日、星期、时间，并且显示时钟，运行效果如图 5.21 所示。

● 电子表一样不停地动态改变时间。

● 单击按钮停止时钟特效。

图 5.21　变化的时钟

关键代码

将星期转换成中文的关键代码如下：

创建数组 :week =new Array (" 星期日 "," 星期一 "," 星期二 "," 星期三 "," 星期四 "," 星期五 ",
    " 星期六 ");

利用 week[date.getDay()] 获得星期的中文。

本章总结

● 了解 window、history、location、document 对象。

● Date 对象获得当前系统的日期、时间。

● 定时函数：setTimeout() 和 setInterval()。

● 创建数组，为数组元素赋值以及访问数组元素。

本章作业

1. 简述 prompt()、alert() 和 confirm() 三者的区别，并举例说明。

2. setTimeout() 和 setInterval() 在用法上有什么区别？

3. 如图 5.22 所示，根据 Date 对象获取当前的日期和时间，根据不同的时间显示不同的问候语，要求如下。

● 如果当前时间小于 12 点（含），则显示"上午好"。

● 如果当前时间大于 12 点，小于 18 点（含），则显示"下午好"。

● 如果当前时间大于 18 点，则显示"晚上好"。

图 5.22　根据时间显示不同的问候语

4. 模拟随机发放水果功能，水果品种固定，每次只发放一种，运行效果如图 5.23 所示。技能提示如下。

● 使用数组存储水果名称。

● 使用 random() 随机得到数组索引值，范围是 0～数组长度 -1。

图 5.23　随机发放水果

第6章

初识 jQuery

技能目标

- 掌握 jQuery 的基本语法
- 会使用 jQuery 实现简单的特效
- 掌握 for 循环语句的用法
- 掌握 while 循环语句的用法

本章导读

　　自 Web 2.0 兴起以来，越来越多的人开始重视人机交互、改善网站的用户体验。从早期的 Prototype、Dojo 到之后的 jQuery、ExtJS，互联网中正在掀起一场热烈的 JavaScript 风暴，而 jQuery 以其简约、优雅的风格，始终位于这场风暴的中心，得到了越来越多的赞誉与推崇。

　　通过本章的学习，你将对 jQuery 的概念、jQuery 与 JavaScript 的关系和 jQuery 程序的基本结构有一个感性的认识，能够开发出自己的第一个 jQuery 程序，制作一些简单且常见的交互效果。

知识服务

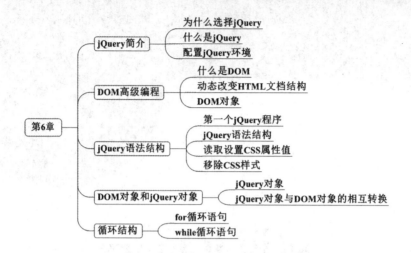

6.1 jQuery 简介

6.1.1 为什么选择 jQuery

众所周知，jQuery 是 JavaScript 的程序库之一，它是 JavaScript 对象和实用函数的封装。为什么要选择 jQuery 呢？

首先看看图 6.1 所示的隔行变色的表格。

该表格的效果使用 JavaScript 与 jQuery 均能实现，两者在实现上到底有什么区别呢？下面就分别使用 JavaScript 和 jQuery 实现隔行变色表格的效果，再做对比。

图 6.1 隔行变色的表格

使用 JavaScript 实现如图 6.1 所示的效果，代码如下所示。

```html
<script type="text/javascript">
window.onload=function() {                          // 加载 HTML 文档
  var trs=document.getElementsByTagName("tr");      // 获取行对象集合
  for (var i=0; i <= trs.length; i++) {             // 遍历所有行
    if (i % 2==0) {                                  // 判断奇偶行
      var obj=trs[i];                                // 根据序号获取行对象
      obj.style.backgroundColor="#ccc";             // 为所获取的行对象添加背景颜色
    }
  }
}
</script>
```

使用 jQuery 实现图 6.1 的效果，代码如下所示。

```html
<script src="js/jquery-1.8.3.js" type="text/javascript"></script>    /* 引入 jQuery 库文件 */
<script type="text/javascript">
```

```
$(document).ready(function() {                        // 加载 HTML 文档
    $("tr:even").css("background-color","#ccc");       // 为表格的偶数行添加背景颜色
});
</script>
```

比较以上两段代码不难发现，使用 jQuery 制作交互特效的语法更为简单，代码量大大减少了。

此外，使用 jQuery 与单纯使用 JavaScript 相比，最大的优势是能使页面在各浏览器中保持统一的显示效果，即不存在浏览器兼容性问题。例如，使用 JavaScript 获取 id 为 title 的元素，在 IE 中，可以使用 eval("title") 或 getElementById("title") 来获取该元素。如果使用 eval("title") 获取元素，则在 Firefox 浏览器中将不能正常显示，因为 Firefox 浏览器只支持使用 getElementById("title") 获取 id 为 title 的元素。

由于各浏览器对 JavaScript 的解析方式不同，因此在使用 JavaScript 编写代码时，就需要分 IE 和非 IE 两种情况来考虑，以保证各个浏览器中的显示效果一致。这对一些开发经验尚浅的人员来说，难度非常大，一旦考虑不周全，就会导致用户使用网站时的体验性变差，从而流失部分潜在客户。

其次，JavaScript 是一种面向 Web 的脚本语言。大部分网站都使用了 JavaScript，并且现有浏览器（基于桌面系统、平板电脑、智能手机和游戏机的浏览器）都包含了 JavaScript 解释器。它的出现使得网页与用户之间实现了实时、动态的交互，使网页包含了更多活泼的元素，使用户的操作变得更加简单便捷。而 JavaScript 本身存在两个弊端：一个是复杂的文档对象模型，另一个是不一致的浏览器实现。

基于以上背景，为了简化 JavaScript 开发，解决浏览器之间的兼容性问题，一些 JavaScript 程序库随之诞生，JavaScript 程序库又称为 JavaScript 库。JavaScript 库封装了很多预定义的对象和实用函数，能够帮助开发人员轻松地搭建具有高难度交互的客户端页面，并且完美地兼容各大浏览器。

由于各个 JavaScript 库都各有其优缺点，同时也各自拥有支持者和反对者。从图 6.2 所示的较为流行的几个 JavaScript 库的 Google 访问量排名中可以明显看出：自 jQuery 诞生开始，它的关注度就一直处于稳步上升状态。jQuery 在经历了若干次版本更新后，逐渐从其他 JavaScript 库中脱颖而出，成为 Web 开发人员的最佳选择。

图 6.2　各种 JavaScript 库的 Google 访问量排名

6.1.2　什么是 jQuery

1. jQuery 简介

jQuery 是继 Prototype 之后的又一个优秀的 JavaScript 库，是由美国人 John Resig

于 2006 年创建的开源项目。目前 jQuery 团队主要包括核心库、UI、插件和 jQuery Mobile 等开发人员及推广人员、网站设计人员、维护人员。随着人们对它的日渐熟知，越来越多的程序高手加入其中，完善并壮大其项目内容，这促使 jQuery 逐步发展成为如今集 JavaScript、CSS、DOM 和 Ajax 于一体的强大框架体系。

作为 JavaScript 的程序库，jQuery 凭借简洁的语法和跨浏览器的兼容性，极大地简化了遍历 HTML 文档、操作 DOM、处理事件、执行动画和开发 Ajax 的代码，从而广泛应用于 Web 应用开发，如导航菜单、轮播广告、网页换肤和表单校验等方面。其简约、雅致的代码风格，改变了 JavaScript 程序员的设计思路和编写程序的方式。

总之，无论是网页设计师、后台开发者、业余爱好者，还是项目管理者；无论是 JavaScript "菜鸟"，还是 JavaScript "大侠"，都有足够的理由学习 jQuery。

2. jQuery 的用途

jQuery 是 JavaScript 的程序库之一，因此，许多使用 JavaScript 能实现的交互特效，使用 jQuery 都能完美地实现，下面就从以下 5 个方面来简单介绍一下 jQuery 的应用场合。

（1）访问和操作 DOM 元素

使用 jQuery 可以很方便地获取和修改页面中的指定元素，无论是删除、移动还是复制某元素，jQuery 都提供了一整套方便、快捷的方法，既减少了代码的编写，又大大提高了用户对页面的体验度，如添加、删除商品、留言、个人信息等。图 6.3 展示了在腾讯 QQ 空间中删除说说信息，该功能就用到了 jQuery。

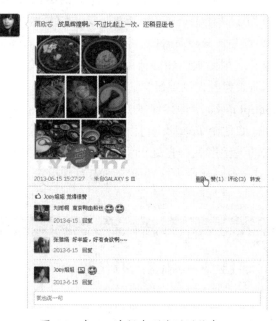

图 6.3　在 QQ 空间中删除说说信息

（2）控制页面样式

通过引入 jQuery，程序开发人员可以很便捷地控制页面的 CSS 文件。浏览器对页面文件的兼容性，一直以来都是页面开发者最为头痛的事情，而使用 jQuery 操作页面的样式可以很好地兼容各种浏览器。最典型的有微博、博客、邮箱等的换肤功能。图 6.4 所示的网易邮箱的换肤功能也是基于 jQuery 实现的。

图 6.4　网易邮箱的换肤功能

（3）对页面事件的处理

引入 jQuery 后，可以使页面的表现层与功能开发分离，开发者更多地专注于程序的逻辑与功效；页面设计者侧重于页面的优化与用户体验。通过事件绑定机制，可以很轻松地实现两者的结合。图 6.5 所示"去哪儿"网的搜索模块的交互效果，就应用了 jQuery 对鼠标事件的处理。

图 6.5　"去哪儿"网的搜索模块

（4）方便地使用 jQuery 插件

引入 jQuery 后，可以使用大量的 jQuery 插件来完善页面的功能和效果。如 jQuery UI 插件库、Form 插件、Validate 插件等，这些插件的使用极大地丰富了页面的展示效果，使原来使用 JavaScript 代码实现起来非常困难的功能通过 jQuery 插件可轻松地实现。图 6.6 所示的 3D 幻灯片就是由 jQuery 的 Slicebox 插件实现的。

图 6.6　3D 幻灯片

（5）与 Ajax 技术的完美结合

利用 Ajax 异步读取服务器数据的方法，极大地方便了程序的开发，增强了页面交互，提升了用户体验；而引入 jQuery 后，不仅完善了原有的功能，还减少了代码的书写，通过其内部对象或函数，加上几行代码就可以实现复杂的功能。图 6.7 所示的京东商城注册表单校验就用到了 jQuery。

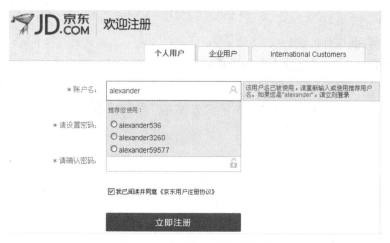

图 6.7　京东商城注册表单校验

3．jQuery 的优势

jQuery 的主旨是 write less，do more（以更少的代码，实现更多的功能）。jQuery 独特的选择器、链式操作、事件处理机制和封装，以及完善的 Ajax 都是其他 JavaScript 库望尘莫及的。总体来说，jQuery 主要有以下优势。

- 轻量级。jQuery 的体积较小，压缩之后大约只有 100KB。
- 强大的选择器。jQuery 支持几乎所有的 CSS 选择器，以及 jQuery 自定义的特有选择器。由于 jQuery 具有支持选择器这一特性，使得具备一定 CSS 经验的开发人员学习 jQuery 更加容易。

● 出色的 DOM 封装。jQuery 封装了大量常用的 DOM 操作，使开发者在编写 DOM 操作相关程序的时候能够更加得心应手。jQuery 能够轻松地完成各种使用 JavaScript 编写时非常复杂的操作，即使 JavaScript 新手也能编写出出色的程序。

● 可靠的事件处理机制。jQuery 的事件处理机制吸收了 JavaScript 中事件处理函数的精华，使得 jQuery 在处理事件绑定时非常可靠。

● 出色的浏览器兼容性。作为一个流行的 JavaScript 库，解决浏览器之间的兼容性是必备的条件之一。jQuery 能够同时兼容 IE 6.0+、Firefox 3.6+、Safari 5.0+、Opera 和 Chrome 等多种浏览器，使显示效果在各浏览器之间没有差异。

● 隐式迭代。当使用 jQuery 查找到相同名称（类名、标签名等）的元素后隐藏它们时，无须循环遍历每一个返回的元素，它会自动操作所匹配的对象集合，而不是单独的对象，这一举措使得大量的循环结构变得不再必要，从而大幅地减少了代码量。

● 丰富的插件支持。jQuery 的易扩展性吸引了来自全球的开发者来编写 jQuery 的扩展插件。目前已经有成百上千的官方插件支持，而且不断有新插件面世。

6.1.3 配置 jQuery 环境

1. 获取 jQuery 的最新版本

进入 jQuery 的官方网站（http://jquery.com），下载最新版的 jQuery 库文件。

2. jQuery 库类型说明

jQuery 库的类型分为两种，分别是开发版（未压缩版）和发布版（压缩版），它们的区别如表 6-1 所示。

表 6-1　jQuery 库的类型对比

名称	大小	说明
jquery-1. 版本号 .js（开发版）	约 268KB	完整无压缩版本，主要用于测试、学习和开发
jquery-1. 版本号 .min.js（发布版）	约 91KB	经过工具压缩或经过服务器开启 GZIP 压缩，主要用于发布的产品和项目

在本书中，采用的版本是 jQuery V1.8.3，相关的开发版和发布版 jQuery 库为 jquery-1.8.3.js 和 jquery-1.8.3.min.js。

3. jQuery 环境配置

jQuery 不需要安装，把下载的 jquery.js 放到网站上的一个公共的位置，想要在某个页面上使用 jQuery 时，只需要在相关的 HTML 文档中引入该库文件的位置即可。

4. 在页面中引入 jQuery

将 jquery-1.8.3.js 放在目录 js 下，为了方便调试，在所提供的 jQuery 例子中引用时使用的是相对路径。在实际项目中，可以根据需要调整 jQuery 库的路径。

在编写的页面代码的 <head> 标签内引入 jQuery 库后，就可以使用 jQuery 库了，代码如下。

```
<!DOCTYPE html PUBLIC "-//W3C//DTD XHTML 1.0 Transitional//EN"
  "http://www.w3.org/TR/xhtml1/DTD/xhtml1-transitional.dtd">
<html xmlns="http://www.w3.org/1999/xhtml">
<head>
<meta http-equiv="Content-Type" content="text/html; charset=utf-8" />
<title> 在页面中引入 jQuery 库文件 </title>
<!-- 在 head 标签中引入 jQuery 库文件 -->
<script src="js/jquery-1.8.3.js" type="text/javascript"></script>
</head>
<body>
</body>
</html>
```

6.2　DOM 高级编程

进行 jQuery 后续学习，必须首先了解一下 DOM 编程的相关内容。

6.2.1　什么是 DOM

DOM 是 Document Object Model（文档对象模型）的简称，是 HTML 文档对象模型（HTML DOM）定义的一套标准方法，用来访问和操纵 HTML 文档。1998 年，W3C 发布了第一级的 DOM 规范，这个规范允许访问和操作 HTML 页面中的每一个单独元素，例如网页的表格、图片、文本、表单元素等，大部分主流的浏览器都执行了这个标准，因此 DOM 的兼容性问题也几乎难觅踪影了。

如果要对 HTML 文档中的元素进行访问、添加、删除、移动或重排页面上的元素，JavaScript 就需要对 HTML 文档中所有元素的方法和属性进行改变，这些都是通过 DOM 来获得的。

DOM 是以树状结构组织 HTML 文档的，根据 DOM，HTML 文档中每个标签或元素都是一个结点，DOM 是这样规定的：

- 整个文档是一个文档结点。
- 每个 HTML 标签都是一个元素结点。
- 包含在 HTML 元素中的文本是文本结点。
- 每一个 HTML 属性都是一个属性结点。

● 注释属于注释结点。

一个 HTML 文档是由各个不同的结点组成的，请看下面的 HTML 文档。

```
<html>
<head>
<title>DOM 结点 </title>
</head>
<body>
<a href="fruit.html"> 我的链接 </a>
<h1> 我的标题 </h1>
<p>DOM 应用 </p>
</body>
</html>
```

上面的文档由 <html>、<head>、<title>、<body>、<h1>、<p> 及文本结点组成，这些结点都存在着关系，例如 <head> 和 <body> 的父结点都是 <html>，文本结点 "DOM 应用" 的父结点是 <p> 结点，它们之间的关系如图 6.8 所示。

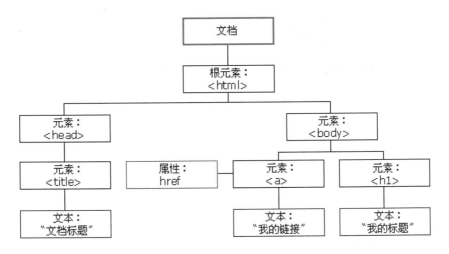

图 6.8 文档结点结构图

在一个文档中，大部分元素结点都有子结点，例如，<head> 结点有一个子结点 <title>，<title> 也有一个子结点，即文本结点 "DOM 结点"。当几个结点分享同一个父结点时，它们就是同辈，即它们是兄弟结点，例如 <a>、<h1> 和 <p> 就是兄弟结点，它们的父结点均为 <body> 结点。

当网页被加载时，浏览器会自动创建页面的 DOM，也就构造出了文档对象树，通过可编程的对象模型，JavaScript 就可以动态地控制或者说操作创建的 HTML 文档，这样实际上就是赋予了 JavaScript 如下的能力：

● 改变页面中的 HTML 元素。

● 改变页面中的 HTML 属性。

● 改变页面中的 CSS 样式。

● 对页面中的事件做出反应。

简单来讲就是，DOM 可被 JavaScript 用来读取、改变 HTML、XHTML 以及 XML 文档，因此 DOM 由 3 部分组成，分别是 Core DOM、XML DOM 和 HTML DOM。

● Core DOM：也称核心 DOM 编程，定义了一套标准的针对任何结构化文档的对象，包括 HTML、XHTML 和 XML。

● XML DOM：定义了一套标准的针对 XML 文档的对象。

● HTML DOM：定义了一套标准的针对 HTML 文档的对象。

这里我们主要学习通用的核心 DOM 编程以及针对 HTML 文档的 DOM 编程。

6.2.2 动态改变 HTML 文档结构

使用 DOM 操作 HTML 文档的结点，包括查看结点、创建或增加一个结点、删除或者是替换文档中的结点，通过这几种操作可以动态地改变 HTML 文档的内容，下面首先学习如何查看文档结点。

1. 查找 HTML 结点元素

查找结点元素是所有操作中最基本的要求，因为你必须要先找到这个结点元素，然后才能开始操纵它。通常通过 3 种方式进行结点元素的查找：

● 通过 id 方式查找 HTML 元素。

● 通过标签名查找 HTML 元素。

● 通过类名查找 HTML 元素。

无论是哪种方式查找结点，基本都是通过 getElement 系列方法访问指定结点的。其中通过类名查找的方式在很多浏览器的版本中都已经失效，这里不再进行介绍。我们这里只选择常用的进行介绍。

在 HTML 文档中，访问结点的标准方法是 getElementById()、getElementsByName() 和 getElementsByTagName()，只是它们查找的方法略有不同。

● getElementById()：是 HTML DOM 提供的查找方法，它是按 id 属性查找的。

● getElementsByName()：是 HTML DOM 提供的查找方法，它是按 name 属性查找的，由于一个文档中可能会有多个同名结点（如复选框、单选按钮），所以返回的是元素数组。

● getElementsByTagName()：是 Core DOM 提供的查找方法，它是按标签名 TagName 查找的，由于一个文档中可能会有多个同类型的标签结点（如图片组、文本输入框），所以返回元素数组。

如果我们想动态地改变文档中某些元素的属性，例如，改变一个图片的路径，使之动态地在页面中显示另一个图片，或者是改变一个结点中的文本、超链接等，该如何实现呢？DOM 提供了获取及改变结点属性值的标准方法。

- getAttribute(" 属性名 ")：用来获取属性的值。
- setAttribute(" 属性名 "," 属性值 ")：用来设置属性的值。

下面我们使用访问结点的几种方法，并且结合 getAttribute() 和 setAttribute() 这两种方法来读取和设置属性的值，动态地改变页面的内容，代码如示例 1 所示。

✪ 示例 1

```
……            // 省略部分 HTML 代码
<script type="text/javascript">
function hh(){
  var hText=document.getElementById("fruit").getAttribute("src");
  alert(" 图片的路径是 :"+hText)
}
function check(){
  var favor=document.getElementsByName("enjoy");
  var like=" 你喜欢的水果是 :";
  for(var i=0;i<favor.length;i++){
    if(favor[i].checked==true){
      like+="\n"+favor[i].getAttribute("value");
      }
    }
  alert(like);
}
function change(){
  var imgs=document.getElementsByTagName("img");
  imgs[0].setAttribute("src","images/grape.jpg");
}
</script>
</head>
<body>
<img src="images/fruit.jpg" alt=" 水果图片 " id="fruit" />
<h1 id="love"> 选择你喜欢的水果：</h1>
<input name="enjoy" type="checkbox" value="apple" /> 苹果
<input name="enjoy" type="checkbox" value="banana" /> 香蕉
<input name="enjoy" type="checkbox" value="grape" /> 葡萄
<input name="enjoy" type="checkbox" value="pear" /> 梨
<input name="enjoy" type="checkbox" value="watermelon" /> 西瓜
<br />
<input name="btn" type="button" value=" 显示图片路径 " onclick="hh()" />
<br /><input name="btn" type="button" value=" 喜欢的水果 " onclick="check()" />
<br /><input name="btn" type="button" value=" 改变图片 " onclick="change()" />
</body>
```

在浏览器中运行示例 1，页面效果如图 6.9 所示，页面中有 1 张图片、1 个 <h1> 标签、5 个同名复选框和 3 个按钮。

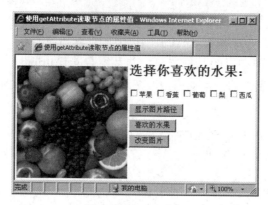

图 6.9　页面效果图

单击"显示图片路径"按钮，使用 getElementById() 方法直接访问图片，且使用 getAttribute() 方法通过路径属性 src 读取到图片的路径，最后应用 alert() 方法显示出来，如图 6.10 所示。

单击"喜欢的水果"按钮，使用 getElementsByName() 读取同名复选框，然后按读取数组的方式依次使用 getAttribute() 属性读取复选框的属性 value，来显示复选框的值，例如，当选取苹果、葡萄和西瓜时，显示如图 6.11 所示的提示框。

图 6.10　显示图片路径

图 6.11　显示喜欢的水果

"改变图片"按钮的功能是动态地改变页面的图片，使页面显示另一张图片。首先使用 getElementsByTagName() 方法获取页面中的所有图片，返回一个图片数组，由于本页只有一张图片，因此直接读取第一张图片，然后使用 setAttribute() 方法改变图片路径属性 src 的值，改变后的页面如图 6.12 所示。

图 6.12　图片改变后的页面效果图

2. 改变 HTML 内容及属性

改变 HTML 的内容，这里只介绍一种方法，就是使用 innerHTML 属性，语法如下。

```
document.getElementById(id).innerHTML=" 新内容 ";
```

先来看一个简单的例子，代码如示例 2 所示。

☺ 示例 2

```
<!DOCTYPE html>
<html>
<head lang="en">
</head>
<body>
<p id="p1"> 我的主页面 </p>
<script type="text/javascript">
    document.getElementById("p1").innerHTML=" 我的测试 ";
</script>
</body>
</html>
```

运行示例 2 的代码，首先显示的是图 6.13 所示的页面效果，执行 JavaScript 后，变为图 6.14 所示的页面效果。

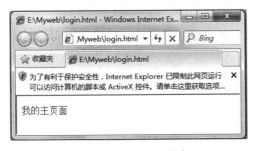

图 6.13 页面运行效果

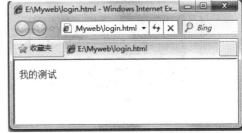

图 6.14 页面内容改变

通过 innerHTML 属性，改变了 id 为 p1 的 <p> 标签的内容，由 "我的主页面" 变成了 "我的测试"。

改变 HTML 的内容，使用 innerHTML 属性。如果要改变元素的属性，则使用元素的属性直接赋新值即可，语法如下。

```
document.getElementById(id). 属性名 =" 新属性值 ";
```

先来看示例 3。

☺ 示例 3

```
<html>
<head>
<title> 使用 HTML DOM 对象的属性访问结点 </title>
<script type="text/javascript">
```

6
Chapter

```
function change(){
    var imgs=document.getElementById("s1");
    imgs.src="images/grape.jpg";
}
</script>
</head>
<body>
<img src="images/fruit.jpg" id="s1" alt=" 水果图片 " /><br />
<input name="b1" type="button" value=" 改变图片 " onclick="change()" />
</body>
</html>
```

示例3中，在改变图片路径的函数change()中，通过getElementById()访问图片结点，即图片这个对象，然后直接使用 imgs.src="images/grape.jpg" 来改变图片路径。运行效果就是单击图 6.15 中的按钮，图片由 fruit.jpg 变成了 grape.jpg（见图 6.16）。

图 6.15　图片改变前

图 6.16　图片改变后

这里需要说明的是，代码：

```
var imgs=document.getElementById("s1");
imgs.src="images/grape.jpg";
```

等同于：

```
document.getElementById("s1").src="images/grape.jpg";
```

3. 改变 HTML CSS 样式

CSS 在页面中应用得非常频繁，使用这些样式可以实现页面中不同样式的特效，但是这些特效都是静态的，不能随着鼠标指针的移动或者键盘操作来动态地改变，使页面实现更炫的效果。例如，当鼠标指针放在如图 6.17 所示的图片上时，图片的边框加粗显示并且边框颜色变为橙色；当鼠标指针移出图片时，图片恢复原来的状态，这样当鼠标指针停在某个图片上时，可以突出显示当前的图片。

图 6.17 改变图片样式

这个效果怎么实现呢？其实我们可以使用已经学过的 getElement 系列方法访问页面的图片，并且改变元素的属性。那么如何根据鼠标指针的移进移出来动态地改变元素的样式属性呢？在 JavaScript 中，有两种方式可以动态地改变样式的属性，一种是使用样式的 style 属性，另一种是使用样式的 className 属性，下面主要介绍 style 属性的用法，关于 className 属性可自行搜索相关资料学习。

在 HTML DOM 中，style 是一个对象，代表一个单独的样式声明，可从应用样式的文档或元素访问 style 对象，使用 style 属性改变样式的语法如下：

```
document.getElementById(id).style. 样式属性 =" 值 ";
```

假如在页面中有一个 id 为 titles 的 div，要改变 div 中的字体颜色为红色，字体大小为 13px，代码如下所示。

```
document.getElementById("titles").style.color="#FF0000";
document.getElementById("titles").style.font-size="13px ";
```

在浏览器中运行该代码后发现页面出现错误，通过程序调试发现改变字体大小的代码出现了错误，为什么？

在 JavaScript 中使用 CSS 样式与在 HTML 中使用 CSS 稍有不同，由于在 JavaScript 中 "-" 表示减号，如果样式属性名称中带有 "-" 号，要省去 "-"，并且 "-" 后的首字母要大写，因此例子中 font-size 对应的 style 对象的属性名称应为 fontSize。在 style 对象中有许多样式属性，但是常用的样式属性主要是背景、文本、边框等，如表 6-2 所示。

表 6-2 style 对象的常用属性

类别	属性	描述
background（背景）	backgroundColor	设置元素的背景颜色
	backgroundImage	设置元素的背景图像
	backgroundRepeat	设置是否及如何重复背景图像

类别	属性	描述
text （文本）	fontSize	设置元素的字体大小
	fontWeight	设置字体的粗细
	textAlign	排列文本
	textDecoration	设置文本的修饰
	font	设置同一行字体的属性
	color	设置文本的颜色
padding （边距）	padding	设置元素的填充
	paddingTop paddingBottom paddingLeft paddingRight	设置元素的上、下、左、右填充
border （边框）	border	设置四个边框的属性
	borderTop borderBottom borderLeft borderRight	设置上、下、左、右边框的属性

使用这些样式可以动态地改变背景图片，字体的大小、颜色等。

6.2.3 DOM 对象

以上所学习的内容中，无论是改变 HTML 的内容属性，还是改变 CSS 样式，其实，我们都在操作 DOM 对象。

通过前面的学习，我们已经了解在 JavaScript 中，使用 getElementsByTagName() 或者 getElementById() 来获取元素结点，其实，通过该方式得到的 DOM 元素就是 DOM 对象，DOM 对象可以使用 JavaScript 中的方法，总结起来就是如以下代码所示。

```
var objDOM=document.getElementById("id");          // 获得 DOM 对象
var objHTML=objDOM.innerHTML;                       // 使用 JavaScript 中的 innerHTML 属性
```

6.3　jQuery 语法结构

有了 DOM 对象的概念，接下来我们就可以进一步学习 jQuery 了。

1. 第一个 jQuery 程序

首先，编写一个简单的 jQuery 程序，该程序需要实现：在页面完成加载时，弹出一个对话框，显示"我欲奔赴沙场征战 jQuery，势必攻克之！"，代码如示例 4 所示。

○ 示例 4

```
<!DOCTYPE html PUBLIC "-//W3C//DTD XHTML 1.0 Transitional//EN"
    "http://www.w3.org/TR/xhtml1/DTD/xhtml1-transitional.dtd">
<html xmlns="http://www.w3.org/1999/xhtml">
<head>
<meta http-equiv="Content-Type" content="text/html; charset=utf-8" />
<title> 第一个 jQuery 程序 </title>
<script src="js/jquery-1.8.3.js" type="text/javascript"></script>
<script>
$(document).ready(function() {
 alert(" 我欲奔赴沙场征战 jQuery，势必攻克之 !");
});
</script>
</head>
<body>
</body>
</html>
```

其运行结果如图 6.18 所示。

图 6.18　第一个 jQuery 程序

这段代码中 $(document).ready() 语句的 ready() 方法类似于传统 JavaScript 中的 onload() 方法，它是 jQuery 中页面载入事件的方法。$(document).ready() 与 JavaScript 中的 window.onload 非常相似，它们都意味着在页面加载完成时执行事件，即弹出图 6.18 所示的提示对话框。例如，如下 jQuery 代码：

```
$(document).ready(function() {
   // 执行代码
});
```

类似于如下 JavaScript 代码：

```
window.onload=function(){
  // 执行代码
};
```

2．jQuery 语法结构

通过示例 4 中的语句 $(document).ready(); 不难发现，这条 jQuery 语句主要包含三大部分：$()、document 和 ready()。这三大部分在 jQuery 中分别被称为工厂函数、选择器和方法，将其语法化后，结构如下。

```
$(selector).action();
```

● 工厂函数 $()

在 jQuery 中，"$"美元符号等价于 jQuery，即 $()=jQuery()。$() 的作用是将 DOM 对象转化为 jQuery 对象，只有这样，才能使用 jQuery 的方法。如示例 4 中的 document 是一个 DOM 对象，当它使用 $() 函数包裹起来时，就变成了一个 jQuery 对象，它能使用 jQuery 中的 ready() 方法，而不能再使用 DOM 对象的 getElementById() 方法。

> **注意**
>
> 当 $() 的参数是 DOM 对象时，该对象不需使用双引号包裹起来，如果获取的是 document 对象，则写作 $(document)。

● 选择器 selector

jQuery 支持 CSS 1.0 到 CSS 3.0 规则中几乎所有的选择器，如标签选择器、类选择器、ID 选择器和后代选择器等，使用 jQuery 选择器和 $() 工厂函数可以非常方便地获取需要操作的 DOM 元素，语法格式如下。

```
$(selector)
```

ID 选择器、标签选择器、类选择器的用法如下所示。

```
$("#userName)          // 获取 DOM 中 id 为 userName 的元素
$("div")               // 获取 DOM 中所有的 div 元素
$(".textbox")          // 获取 DOM 中 class 为 textbox 的元素
```

jQuery 中提供的选择器远不止上述几种，在后续学习中将进行更加系统的介绍。

● 方法 action()

jQuery 中提供了一系列方法。在这些方法中，一类重要的方法就是事件处理方法，主要用来绑定 DOM 元素的事件和事件处理方法。在 jQuery 中，许多基础的事件，如鼠标事件、键盘事件和表单事件等，都可以通过这些事件方法进行绑定，对应的在 jQuery 中则写作 click()、mouseover() 和 mouseout() 等。

通过以上对 jQuery 语法结构的分步解析，下面制作一个网站的左导航特效，当单击导航项时，为 id 为 current 的导航项添加 class 为 current 的类样式。相关代码如示例 5 所示。

⚙ 示例 5

```
<!DOCTYPE html PUBLIC "-//W3C//DTD XHTML 1.0 Transitional//EN"
"http://www.w3.org/TR/xhtml1/DTD/xhtml1-transitional.dtd">
<html xmlns="http://www.w3.org/1999/xhtml">
<head>
<meta http-equiv="Content-Type" content="text/html; charset=utf-8" />
<title> 网站左导航 </title>
<style type="text/css">
li {list-style:none; line-height:22px; cursor:pointer;}
.current {background:#6cf; font-weight:bold; color:#fff;}
</style>
<script src="js/jquery-1.8.3.js"></script>
<script>
$(document).ready(function() {
    $("li").click(function(){
        $("#current").addClass("current");
    })
});
</script>
</head>
<body>
<ul>
  <li id="current">jQuery 简介 </li>
  <li>jQuery 语法 </li>
  <li>jQuery 选择器 </li>
  <li>jQuery 事件与动画 </li>
  <li>jQuery 方法 </li>
</ul>
</body>
</html>
```

其运行结果如图 6.19 所示。

图 6.19　网站左导航

示例 5 中出现的 addClass() 方法是 jQuery 中用于进行 CSS 操作的方法之一，它的作用是向被选元素添加一个或多个类样式，它的语法格式如下。

```
jQuery 对象 .addClass([ 样式名 ])
```

其中，样式名可以是一个，也可以是多个，多个样式名需要用空格隔开。

需要注意的是，与使用选择器获取 DOM 元素不同，获取 id 为 current 的元素时，current 前需要加 id 的符号 "#"，而使用 addClass() 方法添加 class 为 current 的类样式时，该类名前不带有类符号 "."。

3. 读取设置 CSS 属性值

在 jQuery 中除了 addClass() 方法可以设置 CSS 样式属性外，还有一个方法也具有同样的功能，即 css() 方法，它设置或返回 CSS 样式属性。

● 返回匹配的元素的 CSS 样式语法如下。

```
css(" 属性 ");
```

例如返回 <p> 元素的背景色，可以写作：$("p"). css("background-color")。

● 为匹配的元素添加 CSS 样式语法如下。

```
css(" 属性 "," 属性值 ");              // 设置 CSS 样式
$(selector).css({" 属性 ":" 属性值 "," 属性 ":" 属性值 ",……})              // 设置多个 CSS 样式
```

例如使用 css() 方法为页面中的 <p> 元素设置文本颜色、大小及背景色，可以写作：$("p").css({"color":"#FFF","font-size":"18px", "background":"blue"}); 。

示例 6 实现了一个问答特效，即单击问题标题时，显示其相应解释，同时高亮显示当前选择的问题标题，代码如下。

★ 示例 6

```
<--! 省略部分代码 -->
<head>
<meta http-equiv="Content-Type" content="text/html; charset=utf-8" />
<title> 问答特效 </title>
<style type="text/css">
    h2{padding:5px;}
    p{display:none;}
</style>
<script src="js/jquery-1.8.3.js" type="text/javascript"></script>
<script type="text/javascript">
    $(document).ready(function() {
        $("h2").click(function(){
            $("h2").css("background-color","#CCFFFF").next().
                css("display","block");
        });
    });
```

```
    </script>
    </head>
    <body>
        <h2> 什么是受益人 ?</h2>
        <p>
            <strong> 解答: </strong>
            受益人是指人身保险中由被保险人或者投保人指定的享有
            保险金请求权的人，投保人、被保险人可以为受益人。
        </p>
    </body>
    <--! 省略部分代码 -->
```

代码运行结果如图 6.20 所示。

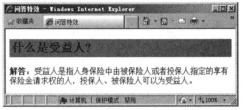

（a）单击标题前　　　　　　　　　　　（b）单击标题后

图 6.20　问答特效

上述代码中，加粗代码的作用是单击 <h2> 时，为它本身添加色值为 #CCFFFF 的背景颜色，并为紧随其后的元素 <p> 添加样式，使隐藏的 <p> 元素显示出来。

css() 方法与 addClass() 方法的区别：

- css() 方法为所匹配的元素设置给定的 CSS 样式。
- addClass() 方法向所匹配的元素添加一个或多个类，该方法不会删除已经存在的类，仅在原有基础上追加新的类样式。

4. 移除 CSS 样式

在 jQuery 中除了设置 CSS 样式属性外，还有一个方法具有相反的功能，即 removeClass() 方法移除 CSS 样式属性，其语法如下。

removeClass(class)	// 移除单个样式

或者

removeClass(class1 class2 … classN)	// 移除多个样式

其中，参数 class 为类样式名称，该名称是可选的，当选某类样式名称时，则移除该类样式，要移除多个类样式时，与 addClass() 方法语法相似，每个类样式之间用空格隔开。

6.4　DOM 对象和 jQuery 对象

6.4.1　jQuery 对象

jQuery 对象就是通过 jQuery 包装 DOM 对象后产生的对象，它能够使用 jQuery 中的方法。例如：

```
$("#title").html();                    // 获取 id 为 title 的元素内的 html 代码
```

这段代码等同于如下代码：

```
document.getElementById("title").innerHTML;
```

在 jQuery 对象中无法直接使用 DOM 对象的任何方法。例如，$("#id").innerHTML 和 $("#id").checked 之类的写法都是错误的，可以使用 $("#id").html() 和 $("#id").attr("checked") 之类的 jQuery 方法来代替。同样，DOM 对象也不能使用 jQuery 里的方法。例如 document.getElementById("id").html() 也会报错，只能使用 document.getElementById("id").innerHTML 语句。

6.4.2　jQuery 对象与 DOM 对象的相互转换

在实际使用 jQuery 的开发过程中，jQuery 对象和 DOM 对象互相转换是非常常见的。jQuery 对象转换为 DOM 对象的原因主要是，DOM 对象包含了一些 jQuery 对象没有包含的成员，要使用这些成员，就必须进行转换。但总体来说，jQuery 对象的成员要丰富得多，因此通常会把 DOM 对象转换成 jQuery 对象。

在讨论 jQuery 对象和 DOM 对象的相互转换之前，先约定定义变量的风格。如果获取的对象是 jQuery 对象，那么在变量前面加上 $，例如：

```
var $variable=jQuery 对象；
```

如果获取的对象是 DOM 对象，则定义如下。

```
var variable=DOM 对象；
```

下面看看在实际应用中是如何进行 jQuery 对象与 DOM 对象的相互转换的。

1. jQuery 对象转换成 DOM 对象

jQuery 提供了两种方法将一个 jQuery 对象转换成一个 DOM 对象，即 [index] 和 get(index)。

（1）jQuery 对象是一个类似数组的对象，可以通过 [index] 的方法得到相应的 DOM 对象。

代码如下。

```
var $txtName =$("#txtName");        //jQuery 对象
var txtName =$txtName[0];           //DOM 对象
alert(txtName.checked)              // 检测这个 checkbox 是否被选中了
```

（2）通过 get(index) 方法得到相应的 DOM 对象。

代码如下。

```
var $txtName =$("#txtName");        //jQuery 对象
var txtName =$txtName.get(0);       //DOM 对象
alert(txtName.checked)              // 检测这个 checkbox 是否被选中了
```

jQuery 对象转换成 DOM 对象在实际开发中并不多见，除非希望使用 DOM 对象特有的成员，如 outerHTML 属性，通过该属性可以输出相应的 DOM 元素的完整的 HTML 代码，而 jQuery 并没有直接提供该功能。

2. DOM 对象转换成 jQuery 对象

对于一个 DOM 对象，只需要用 $() 函数将 DOM 对象包装起来，就可以获得一个 jQuery 对象，其方式为 $(DOM 对象)。

jQuery 代码如下。

```
var txtName =document.getElementById("txtName");        //DOM 对象
var $txtName =$(txtName);                               //jQuery 对象
```

转换后，可以任意使用 jQuery 中的方法。

在实际开发中，将 DOM 对象转换为 jQuery 对象，多见于 jQuery 事件方法的调用中，在后续内容中将会接触到更多 DOM 对象转换为 jQuery 对象的应用场景。

最后，再次强调：DOM 对象只能使用 DOM 中的方法；jQuery 对象不可以直接使用 DOM 中的方法，但它提供了一套更加完善的对象成员用于操作 DOM，后面将持续学习这方面的内容。

案例：使用 jQuery 方式弹出消息对话框

需求描述

实现单击页面中的文字"请为我们的服务做出评价"弹出消息对话框，显示"非常满意"功能。效果如图 6.21 所示。

图 6.21　弹出消息对话框特效

实现思路

（1）新建 HTML 文件。

（2）在新建的 HTML 文件中引入 jQuery 库。

（3）使用 $(document).ready() 执行文件加载事件。

（4）获取 DOM 对象。

（5）将 DOM 对象转换成 jQuery 对象。

（6）使用 jQuery 对象的 click() 方法弹出消息对话框。

6.5 循环结构

在很多网站的首页，大家可能都见过轮播图效果，如图 6.22 所示，自动播放或者单击下方的数字按钮进行轮播广告等信息。有了之前的 jQuery 基础知识，我们基本可以完成这种最常见的特效的制作了。本节内容就是完成这个广告轮播效果的学习制作，首先需要了解的技能就是循环结构。

图 6.22 轮播图特效

JavaScript 中的循环结构分为 for 循环、while 循环、do-while 循环、for-in 循环。这里只讲解基本的 for 循环和 while 循环，其他循环的原理是一样的，自行学习即可。

1．for 循环语句

基本语法格式如下。

```
for( 初始化 ; 条件 ; 增量或减量 ){
    //JavaScript 语句
}
```

其中，初始化参数告诉循环的初始值，必须赋予变量初始值；条件用于判断循环是否终止，若满足条件，则继续执行循环体中的语句，否则跳出循环；增量或减量定义循环控制变量在每次循环时怎么变化。在 3 个条件之间，必须使用分号（;）隔开。
图 6.23 表示 for 循环执行的步骤。

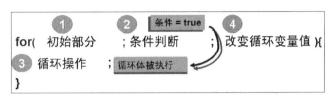

图 6.23　for 循环步骤拆解

循环步骤拆解说明如下：
- 第一步是初始化部分，各种初始值需要确定。
- 第二步判断条件，如果条件为真，则进入循环体部分。
- 第三步进行循环操作，也就是循环体被执行。
- 第四步改变循环条件，重复进入第二步判断条件，如果条件不成立，则退出循环。

下面看示例 7，利用循环语句实现在页面上输出 5 个数字。

✪ 示例 7

```
<--! 省略部分代码 -->
<script type="text/javascript">
  var num;
  for(num=1;num<=5;num++){
    document.write(" 数字输出：" +num+ "<br>");
  }
</script>
<--! 省略部分代码 -->
```

示例 7 执行的步骤是这样的：

for 循环赋初值 num=1，num 的值为 1，确定符合条件，进入循环体打印输出"数字输出：1"，然后 num++ 后 num 的值为 2，确定符合条件，再次进入循环体打印输出，以此类推，最后 num=5 时，符合条件，打印输出，num++ 后为 6，不符合条件，退出循环。

示例 7 运行结果如图 6.24 所示。

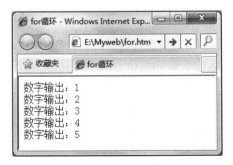

图 6.24　for 循环输出数字

2. while 循环语句

while 循环语句又分为 while 循环语句和 do-while 循环语句。

首先来看一下 while 循环语句的语法格式。

```
while( 条件 ){
  //JavaScript 语句
}
```

其特点是先判断后执行，当条件为真时，就执行 JavaScript 语句；当条件为假时，就退出循环。图 6.25 表示 while 循环执行的流程。

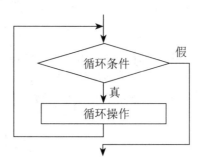

图 6.25　while 循环流程图

循环步骤拆解说明如下：

● 第一步判断条件，如果条件为真，则进入循环体部分。

● 第二步进行循环操作，也就是循环体被执行。

● 第三步继续判断条件，依次循环，直到条件为假，跳出循环。

使用 while 循环语句来完成图 6.24 的效果，修改示例 7 后代码如下。

```
var num=1;
while(num<=5){
  document.write(" 数字输出：" +num+"<br>");
  num++;
}
```

do-while 循环语句的基本语法格式如下。

```
do{
    //JavaScript 语句 ;
}while( 条件 );
```

该语句表示反复执行 JavaScript 语句，直到条件为假时才退出循环，与 while 循环语句的区别在于，do-while 循环语句先执行后判断。

通过对循环结构的学习，我们已经了解了在执行循环时要进行条件判断。只有在条件为"假"时，才能结束循环。但是，有时根据实际情况需要停止整个循环或是跳到下一次循环，有时需要从程序的一部分跳到程序的其他部分，这些都可以由跳转语句来完成。在 JavaScript 标准语法中，有两种特殊的语句可以用于循环内部终止循环：break 和 continue。

- break：立即退出整个循环。
- continue：只是退出当前的循环，根据判断条件决定是否进行下一次循环。

案例：制作京东商城首页焦点图轮播特效

需求描述

制作京东商城首页焦点图轮播特效，具体要求如下。

- 焦点图轮换显示。
- 焦点图显示时对应的按钮背景为红色。
- 鼠标放到图片上时停止轮播显示，离开图片继续轮播显示。

效果如图 6.26 所示。

图 6.26　京东首页焦点图轮播特效

关键代码

- 数字轮播按钮的样式设置代码如下。

```
page-con{
    position:absolute;
    z-index:2;
    text-align:center;
    bottom:10px;
    width:100%;
    font-size:0;
}
```

- 定义轮播函数的代码如下。

```
function slide(){
    for(var i=1;i<len+1;i++){
        $(".page-con li.p"+i).css({"background":"#3e3e3e"});    // 所有底部按钮不改变背景
        $(".img-box img.p"+i).css("display","none");           // 所有 img 隐藏
```

```
    }
    $(".page-con .p"+page).css({"background":"#b61b1f"});   // 相应底部按钮背景改变
    $(".img-box img.p"+page).css("display","block");        // 相应 img 显示

    page++;                        // 当前轮播加 1（下一张图片显示）
    if(page == 6){
        page = 1;                  // 当 page 大于图片长度时，从第一张图片开始播放
    }
    time = setTimeout(slide,1500);
}
```

本章总结

- jQuery 的基本语法结构是：$(selector).action();。
- jQuery 对象就是通过 jQuery 包装 DOM 对象后产生的对象，它能够使用 jQuery 中的方法。
- 循环结构分为 for 循环、while 循环、do-while 循环、for-in 循环，本章介绍了基本的 for 循环和 while 循环。

本章作业

1. 什么是 DOM 模型？
2. jQuery 的语法结构由哪几部分组成？
3. 使用 JavaScript 循环语句输出如图 6.27 所示的页面效果。

图 6.27　打印倒正金字塔直线

第**7**章

jQuery 选择器与事件

技能目标

- 掌握各种选择器的用法
- 与事件结合制作网页特效
- 会使用常用的函数制作页面效果

本章导读

选择器是 jQuery 的核心之一，jQuery 沿用了 CSS 选择器获取元素的功能，使得开发者能够在 DOM 中快捷且轻松地获取元素及其集合，并通过所操作的对象与用户或浏览器进行各种信息交互。

本章将通过对比 JavaScript 事件来讲解 jQuery 中选择器的使用，并完成一些与 JavaScript 中相同的常用事件，如鼠标事件、键盘事件等。

知识服务

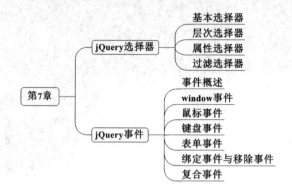

7.1 jQuery 选择器

　　选择器是 jQuery 的根基，在 jQuery 中，对事件处理、遍历 DOM 和 Ajax 操作都依赖于选择器。熟练地使用选择器，不但能简化代码，而且能够事半功倍。jQuery 选择器可通过 CSS 选择器、条件过滤两种方式获取元素。可以通过 CSS 选择器语法规则获取元素的 jQuery 选择器包括基本选择器、层次选择器和属性选择器；可以通过条件过滤选取元素的 jQuery 选择器包括基本过滤选择器和可见性过滤选择器。

　　根据功能操作的不同，在 jQuery 中的选择器主要分成如下四大类：

- 基本选择器
- 层次选择器
- 属性选择器
- 过滤选择器

　　除了过滤选择器，其他选择器的构成规则与 CSS 选择器完全相同。下面就分别讲解这几种选择器的用法。

1. 基本选择器

　　首先看看什么是 jQuery 基本选择器。jQuery 基本选择器与 CSS 基本选择器相同，它继承了 CSS 选择器的语法和功能，主要由元素标签名、class、id 和多个选择器组成，通过基本选择器可以实现大多数页面元素的查找。基本选择器主要包括标签选择器、类选择器、ID选择器、并集选择器、交集选择器和全局选择器。这一类选择器也是 jQuery 中使用频率最高的。

　　为了更加直观地展示 jQuery 基本选择器选取的元素及范围，首先使用 HTML+CSS 代码实现如图 7.1 所示的页面。

图 7.1　基本选择器的演示初始页

其 HTML+CSS 代码如下所示。

```
<--！省略部分代码 -->
<style type="text/css">
#box {background-color:#FFF; border:2px solid #000; padding:5px;}
</style>
</head>
<body>
<div id="box"> id 为 box 的 div
    <h2 class="title">class 为 title 的 h2</h2>
 <h3 class="title">class 为 title 的 h3</h3>
 <h3> 热门排行 </h3>
 <dl>
    <dt><img src="images/case_1.gif" width="93" height="99"
    alt=" 斗地主 " /></dt>
    <dd class="title"> 斗地主 </dd>
    <dd> 休闲游戏 </dd>
    <dd>QQ 斗地主是国内同时在线人数最多的棋牌游戏 ......</dd>
    </dl>
</div>
<--！省略部分代码 -->
```

关于 jQuery 基本选择器的详细说明如表 7-1 所示。

表 7-1　基本选择器的详细说明

名称	语法构成	描述	返回值	示例
标签选择器	element	根据给定的标签名匹配元素	元素集合	$("h2") 选取所有 h2 元素
类选择器	.class	根据给定的 class 匹配元素	元素集合	$(".title") 选取所有 class 为 title 的元素
ID 选择器	#id	根据给定的 id 匹配元素	单个元素	$("#title") 选取 id 为 title 的元素
并集选择器	selector1,selector2, ...,selectorN	将每一个选择器匹配的元素合并后一起返回	元素集合	$("div,p,.title") 选取所有 div、p 和拥有 class 为 title 的元素
交集选择器	element.class 或 element#id	匹配指定 class 或 id 的某元素或元素集合（若在同一页面中指定 id 的元素返回值，则一定是单个元素；若指定 class 的元素，则可以是单个元素，也可以是元素集合）	单个元素或元素集合	$("h2.title") 选取所有拥有 class 为 title 的 h2 元素
全局选择器	*	匹配所有元素	集合元素	$("*") 选取所有元素

下面使用 jQuery 基本选择器实现当单击 <h2> 元素时，为 <h3> 元素添加色值为

#09F 的背景颜色的功能。其 jQuery 代码如下所示。

```
<script type="text/javascript">
$(document).ready(function() {
    $("h2").click(function(){    // 获取 <h2> 元素并为其添加 click 事件函数
        $("h3").css("background-color","#09F");    // 获取 <h3> 元素并为其添加背景颜色
    });
});
</script>
```

使用基本选择器可以完成大部分页面元素的获取。下面根据表 7-1 对基本选择器做详细说明，在图 7.1 所示静态页面的基础上，对该页面中的元素进行匹配并操作（改变 CSS 样式），示例如表 7-2 所示。

表 7-2　基本选择器示例

功能	代码	执行后的效果
获取并设置所有 <h3> 元素的背景颜色	$("h3").css("background","#09F")	
获取并设置所有 class 为 title 的元素的背景颜色	$(".title").css("background","#09F")	
获取并设置 id 为 box 的元素的背景颜色	$("#box").css("background","#09F")	

续表

功能	代码	执行后的效果
获取并设置所有 \<h2\>、\<dt\>、class 为 title 的元素的背景颜色	$("h2,dt,.title").css("background", "#09F")	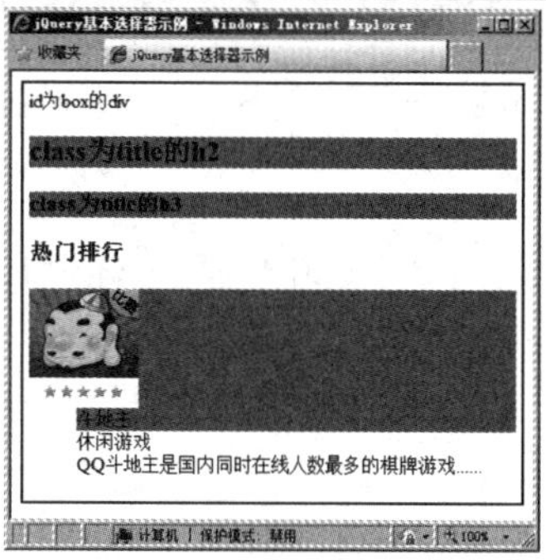
获取并设置所有 class 为 title 的 \<h2\> 元素的背景颜色	$("h2.title").css("background", "#09F")	
改变所有元素的字体颜色	$("*").css("color","red")	

学习完基本选择器的语法之后，下面使用标签选择器来实现单击 \<p\> 元素时，选中页面中的 \<span\> 元素，并为其添加背景颜色。代码如示例 1 所示。

✪ 示例 1

```
<-- ! 省略部分代码 -->
<script type="text/javascript">
    $(document).ready(function() {
        $("p").click(function(){
            $("span").css("background","#6FF");
        });
    });
</script>
```

```
</head>
<body>
<h2> 千与千寻 </h2>
<p><span> 别名： </span> 神隐少女 </p>
<p><span> 导演： </span> 宫崎骏 </p>
<p><span> 简介 </span></p>
<p><span> 千寻 </span> 和爸爸妈妈一同驱车前往新家，在郊外的小路上不慎进入了神秘的
        隧道 -- 他们去了另外一个诡异世界 ...<span>>> 详细 </span></p>
<a href="#"> 立即播放 </a> <strong><a href="#"> 极速播放 </a></strong><span> 下载观看
        </span> </body>
</html>
```

其运行结果如图 7.2 所示。

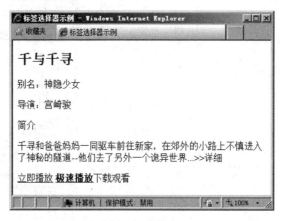

（a）初始状态

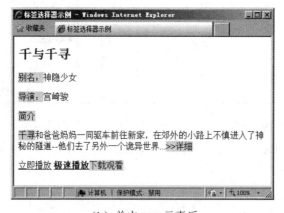

（b）单击 <p> 元素后

图 7.2　标签选择器的应用

2. 层次选择器

若要通过 DOM 元素之间的层次关系来获取元素，如后代元素、子元素、相邻元素和同辈元素，则使用 jQuery 的层次选择器会是最佳选择。

那么什么是 jQuery 层次选择器？ jQuery 中的层次选择器与 CSS 中的层次选择器相同，它们都是根据获取元素与其父元素、子元素、兄弟元素等的关系而构成的选择器。jQuery 中有 4 种层次选择器，它们分别是后代选择器、子选择器、相邻元素选择器和同辈元素选择器，其中最常用的是后代选择器和子选择器，它们和 CSS 中的后代选择器与子选择器的语法及选取范围均相同。

与讲解基本选择器相同，首先使用 HTML+CSS 代码实现如图 7.3 所示的页面，用来演示层次选择器的用法。

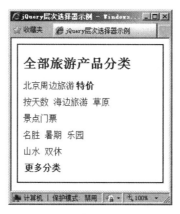

图 7.3 层次选择器的演示初始页

其 HTML+CSS 代码如下所示。

```
<--！省略部分代码 -->
<style type="text/css">
* {margin:0; padding:0; line-height:30px;}
body {margin:10px;}
#menu {border:2px solid #03C; padding:10px;}
a {text-decoration:none; margin-right:5px;}
span {font-weight:bold; padding:3px;}
h2 {margin:10px 0;}
</style>
</head>
<body>
<div id="menu">
  <h2> 全部旅游产品分类 </h2>
  <dl>
   <dt> 北京周边旅游 <span> 特价 </span></dt>
   <dd>
      <a href="#"> 按天数 </a> <a href="#"> 海边旅游 </a> <a href="#"> 草原 </a>
   </dd>
  </dl>
  <dl>
   <dt> 景点门票 </dt>
   <dd><a href="#"> 名胜 </a> <a href="#"> 暑期 </a> <a href="#"> 乐园 </a></dd>
    <dd><a href="#"> 山水 </a> <a href="#"> 双休 </a></dd>
```

```
    </dl>
  <span> 更多分类 </span>
 </div>
</body>
<--！省略部分代码 -->
```

关于层次选择器的详细说明如表 7-3 所示。

表 7-3　层次选择器的详细说明

名称	语法构成	描述	返回值	示例
后代选择器	ancestor descendant	选取 ancestor 元素里的所有 descendant（后代）元素	元素集合	$("#menu span") 选取 #menu 下所有的 <span> 元素
子选择器	parent>child	选取 parent 元素下的 child（子）元素	元素集合	$(" #menu>span") 选取 #menu 下的子元素 <span>
相邻元素选择器	prev+next	选取紧邻 prev 元素之后的 next 元素	元素集合	$(" h2+dl ") 选取紧邻 <h2> 元素之后的同辈元素 <dl>
同辈元素选择器	prev~sibings	选取 prev 元素之后的所有 siblings（同辈）元素	元素集合	$(" h2~dl ") 选取 <h2> 元素之后所有的同辈元素 <dl>

下面使用 jQuery 层次选择器实现当单击 <h2> 元素时，为 #menu 下的 <span> 元素添加色值为 #09F 的背景颜色的功能。其 jQuery 代码如下所示。

```
<script type="text/javascript">
$(document).ready(function(){
    $("h2").click(function(){
        $("#menu span").css("background-color","#09F");
    })
});
</script>
```

然后在图 7.3 所示页面的基础上，使用层次选择器对网页中的元素等进行操作，示例如表 7-4 所示。

表 7-4　层次选择器示例

功能	代码	执行后的效果
获取并设置 #menu 下的 <span> 元素的背景颜色	$("#menu span") .css("background-color","#09F")	

续表

功能	代码	执行后的效果
获取并设置 #menu 下的子元素 <span> 的背景颜色	$("#menu>span") .css("background-color","#09F")	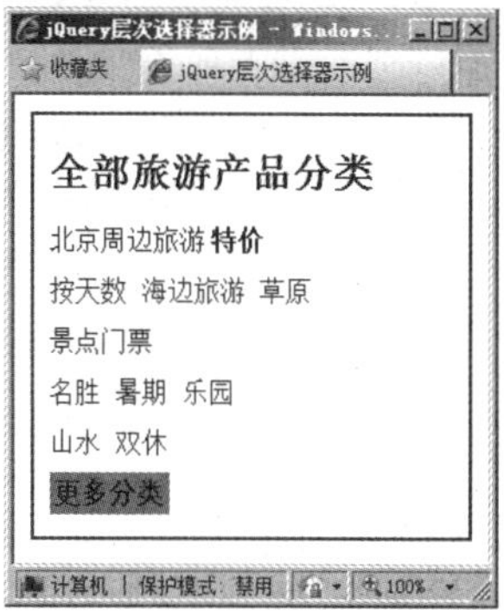
获取并设置紧邻 <h2> 元素后的 <dl> 元素的背景颜色	$("h2+dl") .css("background-color","#09F")	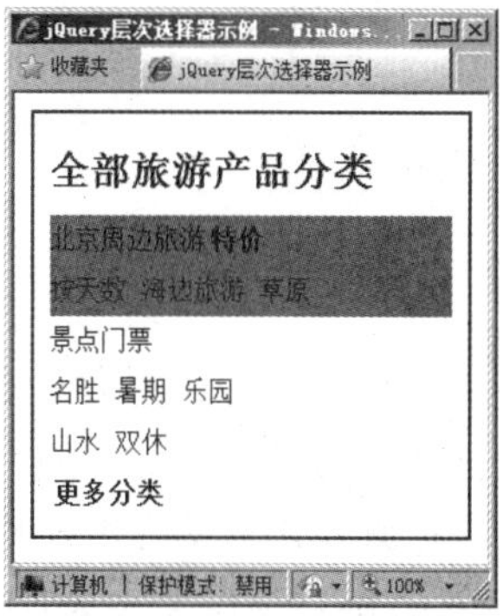
获取并设置 <h2> 元素之后的所有同辈元素 <dl> 的背景颜色	$("h2~dl") .css("background-color","#09F")	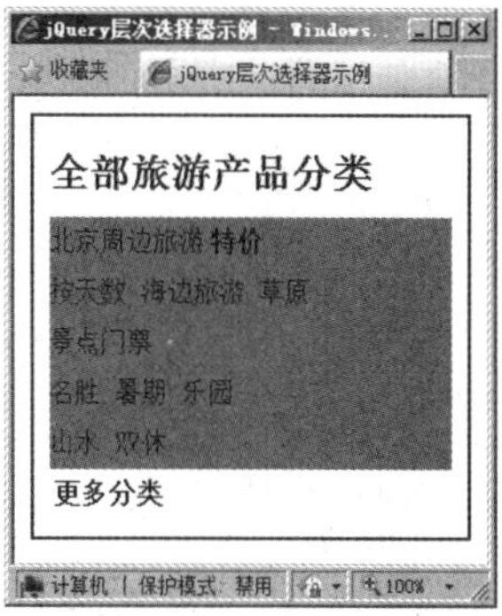

继续使用示例 1 中的 HTML 代码，演示层次选择器的用法，实现当单击 <h2> 元素时，为 <body> 中的 <span> 元素添加色值为 #6FF 的背景颜色，为 <body> 的子 <span> 元素添加色值为 #F9F 的背景颜色的功能。jQuery 代码如示例 2 所示。

⭐ 示例 2

```
<script type="text/javascript">
    $(document).ready(function(){
        $("h2").click(function(){
        $("body span").css("background","#6FF");
        $("body>span").css("background","#F9F");
    });
```

```
    });
</script>
```

其运行结果如图 7.4 所示。

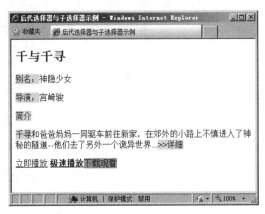

图 7.4　后代选择器与子选择器

由上述示例结果不难发现，子选择器的选取范围比后代选择器的选取范围小。此外，在层次选择器中，后代选择器和子选择器较为常用，而相邻元素选择器和同辈元素选择器在 jQuery 里可以用更加简单的方法代替，所以使用的机率相对较少。在 jQuery 中，可以使用 next() 方法代替 prev+next（相邻元素选择器），使用 nextAll() 方法代替 prev~siblings（同辈元素选择器）。

3. 属性选择器

什么是属性选择器？顾名思义，属性选择器就是通过 HTML 元素的属性选择元素的选择器，它与 CSS 中的属性选择器语法构成完全一致，如 <p> 元素中的 title 属性，<a> 元素中的 target 属性，<img> 元素中的 alt 属性等。属性选择器是 CSS 选择器中非常有用的选择器，从语法构成来看，它遵循 CSS 选择器；从类型来看，它属于 jQuery 中按条件过滤获取元素的选择器之一。

图 7.5　属性选择器的演示初始页

仍然首先使用 HTML+CSS 代码实现如图 7.5 所示的页面，用来演示属性选择器的用法。

其 HTML+CSS 代码如下所示。

```
<--！省略部分代码 -->
<style type="text/css">
#box {background-color:#FFF; border:2px solid #000; padding:5px;}
</style>
</head>
<body>
```

```
<div id="box">
  <h2 class="odds" title="cartoonlist"> 动画列表 </h2>
  <ul>
    <li class="odds" title="kn_jp"> 名侦探柯南 </li>
    <li class="evens" title="hy_jp"> 火影忍者 </li>
    <li class="odds" title="ss_jp"> 死神 </li>
    <--！省略部分代码 --> </ul>
</div>
<--! 省略部分代码 -->
```

关于属性选择器的详细说明如表 7-5 所示。

表 7-5　属性选择器的详细说明

名称	语法	描述	返回值	示例
属性选择器	[attribute]	选取包含给定属性的元素	元素集合	$("[href]") 选取含有 href 属性的元素
	[attribute=value]	选取等于给定属性是某个特定值的元素	元素集合	$("[href ='#']") 选取 href 属性值为 "#" 的元素
	[attribute !=value]	选取不等于给定属性是某个特定值的元素	元素集合	$("[href !='#']") 选取 href 属性值不为 "#" 的元素
	[attribute^=value]	选取给定属性是以某些特定值开始的元素	元素集合	$("[href^='en']") 选取 href 属性值以 en 开头的元素
	[attribute$=value]	选取给定属性是以某些特定值结尾的元素	元素集合	$("[href$='.jpg']") 选取 href 属性值以 .jpg 结尾的元素
	[attribute*=value]	选取给定属性是包含某些值的元素	元素集合	$("[href* ='txt']") 选取 href 属性值中含有 txt 的元素
	[selector] [selector2] [selectorN]	选取满足多个条件的复合属性的元素	元素集合	$("li[id][title= 新闻要点]") 选取含有 id 属性和 title 属性为 "新闻要点" 的 <li> 元素

下面使用 jQuery 属性选择器在上述代码的基础上实现当单击 <h2> 元素时，为包含属性名为 title 的 <h2> 元素添加色值为 #09F 的背景颜色的功能。其 jQuery 代码如下所示。

```
<script type="text/javascript">
$(document).ready(function() {
    $("h2").click(function(){
        $("h2[title]").css("background-color","#09F");
    })
});
</script>
```

其运行结果如图 7.6 所示。

在图 7.6 所示页面的基础上，使用属性选择器对网页中的元素等进行操作，示例如表 7-6 所示。

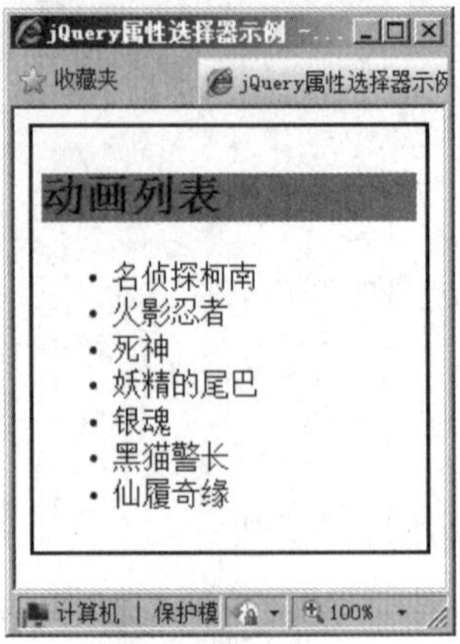

图 7.6   属性选择器的应用

表 7-6   属性选择器示例

功能	代码	执行后的效果
改变含有 title 属性的 <h2> 元素的背景颜色	$("h2[title]") .css("background-color","#09F")	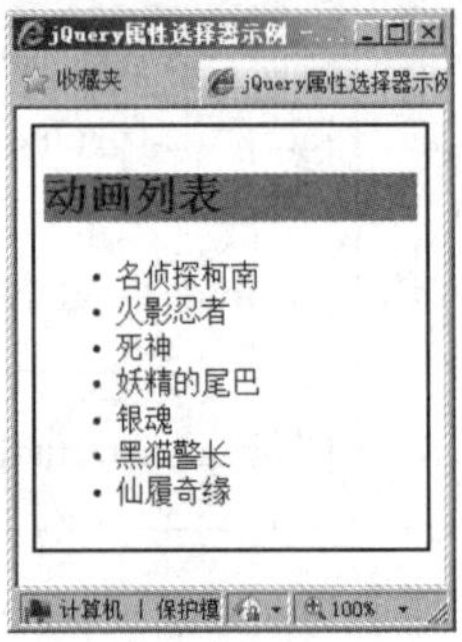
改变 class 属性的值为 odds 的元素的背景颜色	$("[class=odds]") .css("background-color","#09F")	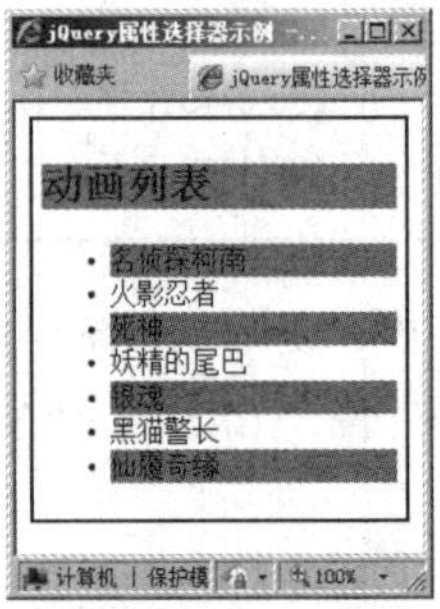
改变 id 属性的值不为 box 的元素的背景颜色	$("[id!=box]") .css("background-color","#09F")	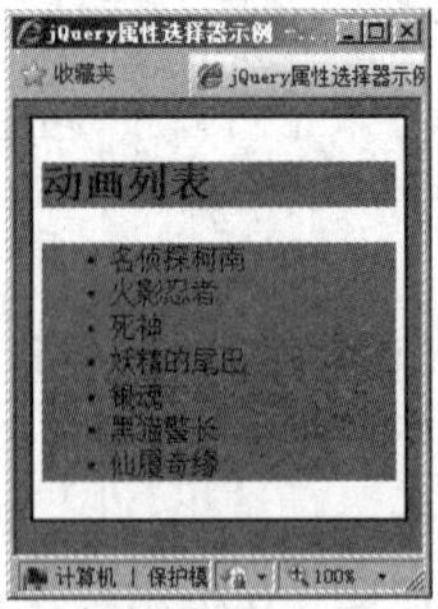

续表

功能	代码	执行后的效果
改变 title 属性的值中以 h 开头的元素的背景颜色	$("[title^=h]") .css("background-color","#09F")	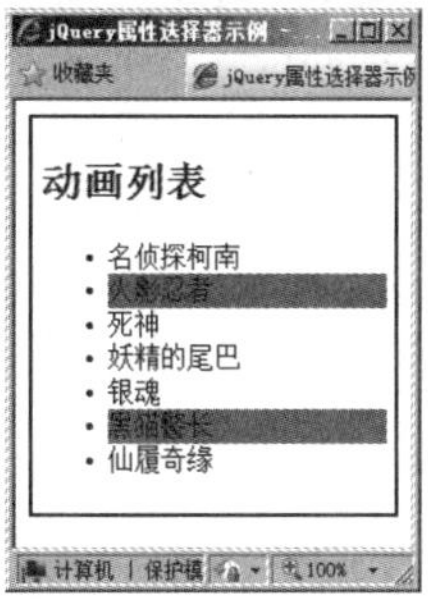
改变 title 属性的值中以 jp 结尾的元素的背景颜色	$("[title$=jp]") .css("background-color","#09F")	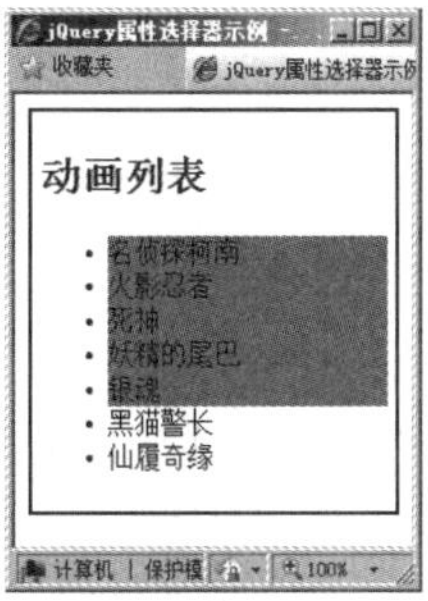
改变 title 属性的值中含有 s 的元素的背景颜色	$("[title*=s]") .css("background-color","#09F")	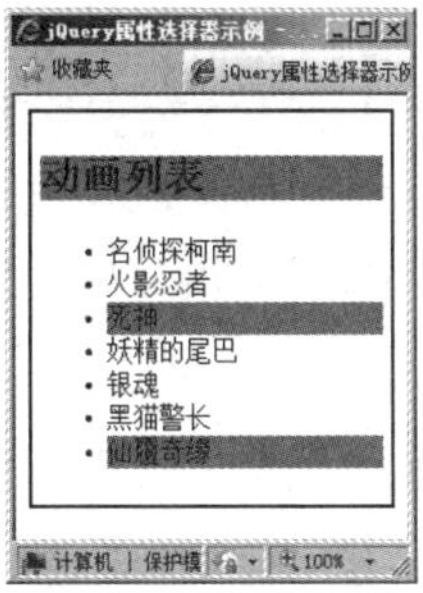
改变包含 class 属性，且 title 属性的值中含有 y 的 <li> 元素的背景颜色	$("li[class][title*=y]") .css("background-color","#09F")	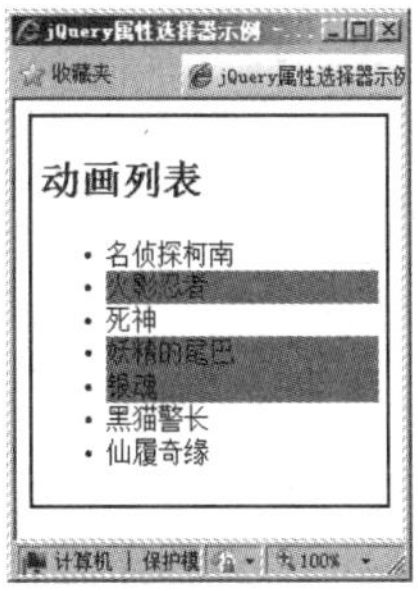

　　下面使用一个简单的示例实现当单击按钮时，将 type 属性值为 text，且含有 name 属性的元素添加色值为 #09F 的背景颜色的功能，代码如示例 3 所示。

⊗ 示例 3

```
<script type="text/javascript">
$(document).ready(function() {
    $("[type=button]").click(function(){
```

Chapter 7

```
            $("[name][type=text]").css("background-color","#09F");
    })
});
</script>
```

其运行结果如图 7.7 所示。

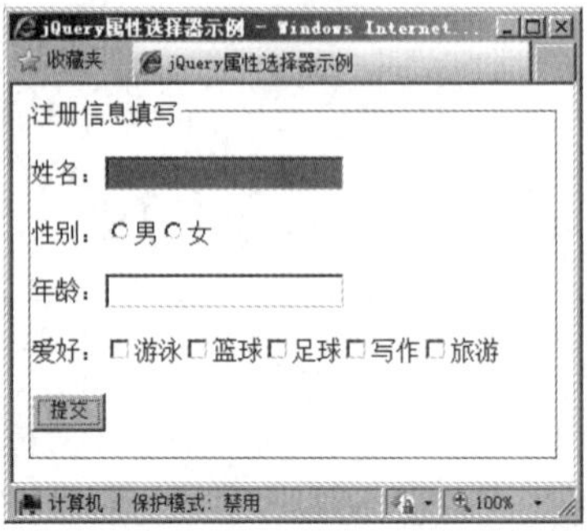

图 7.7　属性选择器

通常，属性选择器适用于表单中，如获取表单中的单选按钮、复选框的选中状态、按钮等。

> ### 📣 注意
>
> 如果基于 jQuery，则使用 ID 选择器获取元素的效率是最高的，因为 ID 具有唯一性。

4．过滤选择器

过滤选择器主要通过特定的过滤规则来筛选出所需的 DOM 元素，过滤规则与 CSS 中的伪类语法相同，即选择器都以一个冒号（：）开头，冒号前是进行过滤的元素。

按照不同的过滤条件，过滤选择器可以分为基本过滤、内容过滤、可见性过滤、属性过滤、子元素过滤和表单对象属性过滤选择器。其中，最常用的过滤选择器是基本过滤选择器、可见性过滤选择器、属性过滤选择器和表单对象属性过滤选择器。在这里，我们仅讲解最常使用的基本过滤选择器。

下面先来学习基本过滤选择器的使用方法。

基本过滤选择器是过滤选择器中使用最为广泛的一种，其详细说明如表 7-7 所示。

表 7-7　基本过滤选择器的详细说明

名称	语法	描述	返回值	示例
基本过滤选择器	:first	选取第一个元素	单个元素	$("li:first") 选取所有 \<li> 元素中的第一个 \<li> 元素
	:last	选取最后一个元素	单个元素	$("li:last") 选取所有 \<li> 元素中的最后一个 \<li> 元素

名称	语法	描述	返回值	示例
基本过滤选择器	:not(selector)	选取去除所有与给定选择器匹配的元素	集合元素	$("li:not(.three)") 选取 class 不是 three 的元素
	:even	选取索引是偶数的所有元素（index 从 0 开始）	集合元素	$("li:even") 选取索引是偶数的所有 <li> 元素
	:odd	选取索引是奇数的所有元素（index 从 0 开始）	单个元素	$("li:odd") 选取索引是奇数的所有 <li> 元素
	:eq(index)	选取索引等于 index 的元素（index 从 0 开始）	集合元素	$("li:eq(1)") 选取索引等于 1 的 <li> 元素
	:gt(index)	选取索引大于 index 的元素（index 从 0 开始）	集合元素	$("li:gt(1)") 选取索引大于 1 的 <li> 元素（注意：大于 1，不包括 1）
	:lt(index)	选取索引小于 index 的元素（index 从 0 开始）	集合元素	$("li:lt(1)") 选取索引小于 1 的 <li> 元素（注意：小于 1，不包括 1）
	:header	选取所有标题元素，如 h1 ~ h6	集合元素	$(":header") 选取网页中的所有标题元素
	:focus	选取当前获取焦点的元素	集合元素	$(":focus") 选取当前获取焦点的元素

　　下面通过一个示例演示基本过滤选择器的用法。完成当单击 <h2> 元素时，使用基本过滤选择器对网页中的 <li>、<h2> 等元素的操作，页面初始代码如下所示。

```
<--! 省略部分代码 -->
<script type="text/javascript">
$(document).ready(function() {
    $("h2").click(function(){
        <--！省略部分代码 -->
    })
});
</script>
</head>
<body>
<h2> 网络小说 </h2>
<ul>
 <li> 王妃不好当 </li>
 <li> 致命交易 </li>
 <li class="three"> 迦兰寺 </li>
 <li> 逆天之宠 </li>
 <li> 交错时光的爱恋 </li>
 <li> 张震鬼故事 </li>
 <li> 第一次亲密接触 </li>
```

```
</ul>
<--! 省略部分代码 -->
```

页面初始效果如图 7.8 所示。

图 7.8　页面初始效果

基本过滤选择器的示例如表 7-8 所示。

表 7-8　基本过滤选择器示例

功能	代码	执行后的效果
改变第一个 <li> 元素的背景颜色	$("li:first") .css("background-color", "#09F")	
改变 class 不为 three 的 <li> 元素的背景颜色	$("li:not(.three)") .css("background-color", "#09F")	

续表

功能	代码	执行后的效果
改变索引值为偶数的 \<li\> 元素的背景颜色	$("li:even") .css("background-color", "#09F")	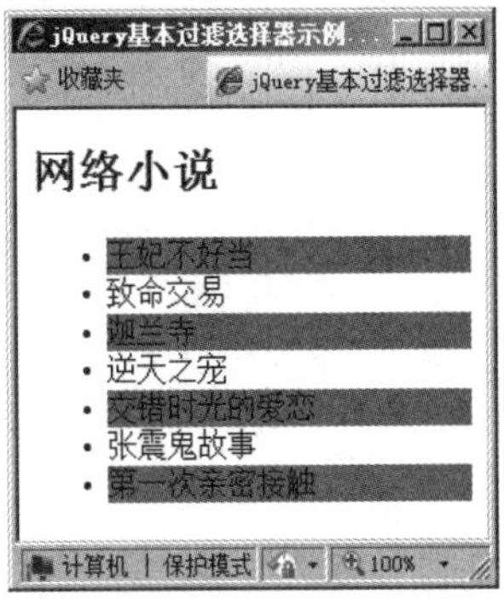
改变索引值小于 1 的 \<li\> 元素的背景颜色	$("li:lt(1)") .css("background-color", "#09F")	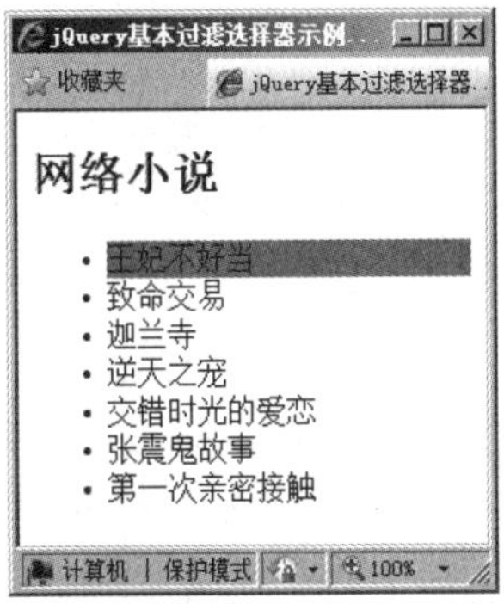
改变所有标题元素的背景颜色，如改变 \<h1\>、\<h2\>、\<h3\>……元素的背景颜色	$(":header") .css("background-color", "#09F")	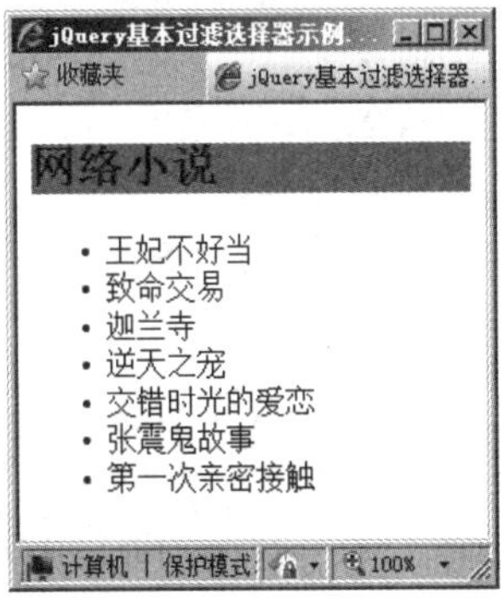

　　下面就使用基本过滤选择器制作一个网页中常见的隔行变色的表格，代码如示例 4 所示。

　　❂ 示例 4

```
<!-- 省略部分代码 -->
<style type="text/css">
td {padding:8px; }
</style>
<script type="text/javascript">
$(document).ready(function(){
    $("tr:even").css("background-color","#F63");
```

```
    });
</script>
</head>
<body>
<table width="100%" border="1" cellspacing="0">
    <tr>
        <th> 序号 </th>
        <th> 名称 </th>
        <th> 发团时间 </th>
        <th> 价格 </th>
    </tr>
    <tr>
        <td>1</td>
        <td> 昆明 - 大理 - 丽江双飞 6 日游 </td>
        <td>2013 年 7 月 18 日 </td>
        <td>3409 元起 </td>
    </tr>
    <tr>
        <td>2</td>
        <td> 桂林 - 龙脊梯田 - 阳朔双卧 6 日游 </td>
        <td>2013 年 7 月 21 日 </td>
        <td>1778 元起 </td>
    </tr>
    <!-- 省略部分代码 -->
</table>
</body>
</html>
```

其运行结果如图 7.9 所示。

图 7.9　隔行变色的表格

jQuery 的基本过滤选择器是通过元素所处的位置来获取元素的。此外，从隔行变色的表格可以看出，在 jQuery 中，因为有了选择器，使得在 JavaScript 中异常复杂的操作，变得更加简单且易于理解。

　　jQuery 选择器除了可以通过 CSS 选择器、位置选取元素外，还能够通过元素的显示状态，即元素显示或者隐藏来选取元素。在 jQuery 中，通过元素显示状态选取元素的选择器称为可见性过滤选择器。可见性过滤选择器的详细说明如表 7-9 所示。

表 7-9　可见性过滤选择器的详细说明

选择器	描述	返回值	示例
:visible	选取所有可见的元素	集合元素	$(":visible") 选取所有可见的元素
:hidden	选取所有隐藏的元素	集合元素	$(":hidden") 选取所有隐藏的元素

　　在使用 jQuery 选择器时，有一些问题是必须注意的，否则无法显示正确效果。这些问题归纳如下。

　　●　选择器中含有特殊符号的注意事项

　　在 W3C 规范中，规定属性值中不能含有某些特殊字符，但在实际开发过程中，可能会遇到表达式中含有 "#" 和 "." 等特殊字符的情况，如果按照普通的方式去处理就会出错。解决此类错误的方法是使用转义符转义。

　　HTML 代码如下。

```
<div id="id#a">aa</div>
<div id="id[2]">cc</div>
```

　　按照普通的方式来获取，例如：

```
$("#id#a");
$("#id[2]");
```

　　以上代码不能正确获取到元素，正确的写法如下。

```
$("#id\\#a");
$("#id\\[2\\]");
```

　　●　选择器中含有空格的注意事项

　　选择器中的空格也是不容忽视的，多一个空格或少一个空格，可能会得到截然不同的结果。

　　如 HTML 代码如下。

```
<div class="test">
    <div style="display:none;">aa</div>
    <div style="display:none;">bb</div>
    <div style="display:none;">cc</div>
        <div class="test" style="display:none;">dd</div>
 </div>
<div class="test" style="display:none;">ee</div>
<div class="test" style="display:none;">ff</div>
```

　　使用如下 jQuery 选择器分别来获取它们。

Chapter 7

```
var $t_a = $(".test :hidden");          // 带空格的 jQuery 选择器
var $t_b = $(".test:hidden");           // 不带空格的 jQuery 选择器
var len_a = $t_a.length;
var len_b = $t_b.length;
alert("$('.test :hidden') = "+len_a);   // 输出 4
alert("$('.test:hidden') = "+len_b);    // 输出 3
```

之所以会出现不同结果，是因为后代选择器与过滤选择器存在区别。

```
var $t_a = $(".test :hidden");          // 带空格的 jQuery 选择器
```

以上代码选取的是 class 为 text 的元素内部的隐藏元素。

而代码：

```
var $t_b = $(".test:hidden");           // 不带空格的 jQuery 选择器
```

选取的是隐藏的 class 为 text 的元素。

7.2　jQuery 事件

众所周知，页面在加载时，会触发 load 事件；当用户单击某个按钮时，会触发该按钮的 click 事件。这些事件就像日常生活中，人们按下开关灯就亮了（或者灭了），往游戏机里投入游戏币就可以启动游戏一样，通过种种事件实现各项功能或执行某项操作。事件在元素对象与功能代码中起着重要的桥梁作用。

1. 事件概述

在 jQuery 中，事件总体分为两大类：简单事件和复合事件。jQuery 中的简单事件，与 JavaScript 中的事件几乎一样，都含有 window 事件、鼠标事件、键盘事件、表单事件等，只是其对应的方法名称有略微不同。复合事件则是截取组合了用户操作，并且以多个函数作为响应而自定义的处理程序。

在 JavaScript 中，常用的基础事件有 window 事件、鼠标事件、键盘事件和表单事件。绑定事件和事件处理函数的语法格式如下。

```
事件名 =" 函数名 ()";
```

或者

```
DOM 对象 . 事件名 = 函数 ;
```

在事件绑定处理函数后，可以通过 "DOM 对象 . 事件名 ()" 的方式显示调用处理函数。在 jQuery 中，基础事件和 JavaScript 中的事件一致，它提供了特有的事件方法将事件和处理函数绑定。表 7-10 列举了一些 jQuery 中典型的事件方法。

2. window 事件

所谓 window 事件，就是当用户执行某些会影响浏览器的操作时而触发的事件。例如，打开网页时加载页面、关闭窗口、调节窗口大小、移动窗口等操作引发的事件。

在 jQuery 中，常用的 window 事件有文档就绪事件，它对应的方法是 ready()，这个方法我们一直在使用，相信大家已经对此非常熟悉了，下面来介绍其他几个基础事件的使用方法。

表 7-10 jQuery 中典型的事件方法

事件	jQuery 中的对应方法	说明
单击事件	click(fn)	单击鼠标时发生，fn 表示绑定的函数
按下键盘触发事件	keydown(fn)	按下键盘时发生，fn 表示绑定的函数
失去焦点事件	blur(fn)	失去焦点时发生，fn 表示绑定的函数

3. 鼠标事件

鼠标事件顾名思义，就是当用户在文档上移动或单击鼠标时而产生的事件。常用的鼠标事件有 click()、mouseover() 和 mouseout()。常用鼠标事件的方法如表 7-11 所示。

表 7-11 常用鼠标事件的方法

方法	描述	执行时机
click()	触发或将函数绑定到指定元素的 click 事件	单击鼠标时
mouseover()	触发或将函数绑定到指定元素的 mouseover 事件	鼠标指针移过时
mouseout()	触发或将函数绑定到指定元素的 mouseout 事件	鼠标指针移出时

下面使用 mouseover() 方法与 mouseout() 方法，制作一个主导航特效，如图 7.10 所示，鼠标指针移过时，添加当前导航项的背景样式，鼠标指针移出时，还原当前导航项的背景样式。

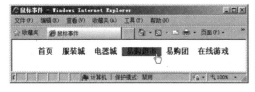

（a）鼠标指针移过时　　　　　　　　（b）鼠标指针移出时

图 7.10 主导航特效

实现图 7.10 的代码如示例 5 所示。

✪ 示例 5

```
<--! 省略部分代码 -->
<script type="text/javascript">
$(document).ready(function() {
    $("#nav li").mouseover(function() {      // 当鼠标指针移过 #nav li 元素时
        $(this). addClass("heightlight");    // 为鼠标指针所在的 li 元素添加样式
    });
    $("#nav li").mouseout(function() {       // 当鼠标指针移出 #nav li 元素时
```

```
      $(this).removeClass();                    // 移除鼠标指针所在的 li 元素的全部样式
   });
 });
</script>
</head>
<body>
<div id="nav">
  <ul>
     <li><a href="#"> 首页 </a></li>
     <li><a href="#"> 服装城 </a></li>
     <li><a href="#"> 电器城 </a></li>
     <li><a href="#"> 易购超市 </a></li>
     <li><a href="#"> 易购团 </a></li>
     <li><a href="#"> 在线游戏 </a></li>
  </ul>
</div>
<--! 省略部分代码 -->
```

在方法内部，this 指向调用这个方法的 DOM 对象，在上述代码中，this 正好代表鼠标事件关联的 #nav li 元素。

在 Web 应用中，鼠标事件非常重要，它们在改善用户体验方面功不可没。鼠标事件常常被用于网站导航、下拉菜单、选项卡、轮播广告等网页组件的交互制作之中。

4．键盘事件

键盘事件指当键盘聚焦到 Web 浏览器时，用户每次按下或者释放键盘上的按键都会产生事件。常用的键盘事件有 keydown()、keyup() 和 keypress()。

keydown() 事件发生在键盘被按下的时候，keyup() 事件发生在键盘被释放的时候。当 keydown() 事件产生可打印的字符时，在 keydown() 和 keyup() 之间会触发另外一个事件——keypress() 事件。当按下键重复产生字符时，在 keyup() 事件之前可能产生很多 keypress() 事件。keypress() 是较为高级的文本事件，它的事件对象指定产生的字符，而不是按下的键。

常用键盘事件的方法如表 7-12 所示。

表 7-12　常用键盘事件的方法

方法	描述	执行时机
keydown()	触发或将函数绑定到指定元素的 keydown 事件	按下按键时
keyup()	触发或将函数绑定到指定元素的 keyup 事件	释放按键时
keypress()	触发或将函数绑定到指定元素的 keypress 事件	产生可打印的字符时

键盘事件常用于类似淘宝搜索框中的自动提示、快捷键的判断、表单字段校验等场合。

5．表单事件

表单事件是所有事件类型中最稳定，且支持最稳定的事件之一。除了用户选取单选按钮、复选框产生的 click 事件外，当元素获得焦点时，会触发 focus 事件，失去焦点时，会触发 blur 事件。常用表单事件的方法如表 7-13 所示。

表 7-13 常用表单事件的方法

方法	描述	执行时机
focus()	触发或将函数绑定到指定元素的 focus 事件	获得焦点
blur()	触发或将函数绑定到指定元素的 blur 事件	失去焦点

下面使用 focus() 方法与 blur() 方法，制作一个如图 7.11 所示的表单交互特效。需完成的效果是"用户名"文本框获得焦点时，背景颜色为 #CCC，文本框失去焦点时，背景颜色的色值为 #FFF。

（a）获得焦点前　　　　　　　　　（b）获得焦点后

图 7.11 "用户名"文本框特效

实现效果的代码如示例 6 所示。

☆ 示例 6

```
<script type="text/javascript">
$(document).ready(function() {
    $("[name=member]").focus(function() {      // 当 name 属性值为 member 的元素获得焦点时
        $(this).addClass("input_focus");        // 为该元素添加类样式 .input_focus
    });
    $("[name=member]").blur(function() {       // 当 name 属性值为 member 的元素失去焦点时
        $(this).removeClass("input_focus");     // 为该元素移除类样式 .input_focus
    });
    <--! 省略部分代码 -->
});
</script>
```

其中用户名输入框的 name 属性值为 member。

在上例代码中，removeClass() 是一个与 addClass()（或者 css()）相对的方法，作用是移除添加在元素上的类样式，两者导入类样式的语法无区别。

6. 绑定事件与移除事件

在 jQuery 中，绑定事件与移除事件也属于基础事件，它们主要用于绑定或移除其他基础事件，如 click、mouseover、mouseout 和 blur 等，也可以绑定或移除自定义事件。

需要为匹配的元素一次性绑定或移除一个或多个事件时，可以使用绑定事件方法 bind() 和移除事件方法 unbind()。

如果需要为匹配的元素同时绑定一个或多个事件，可以使用 bind() 方法，其语法格式如下。

```
bind(type,[data],fn)
```

bind() 方法有 3 个参数，其中参数 data 不是必需的，详细说明如表 7-14 所示。

表 7-14 bind() 方法的参数说明

参数类型	参数含义	描述
type	事件类型	主要包括 blur、focus、click、mouseout 等基础事件，此外，还可以是自定义事件
[data]	可选参数	作为 event.data 属性值传递给事件对象的额外数据对象，该参数不是必需的
fn	处理函数	用来绑定的处理函数

（1）绑定单个事件

假设需要完成单击按钮，为所有 \<p\> 元素添加 #F30 背景色，可以使用 click()，也可以使用 bind()。使用 bind() 方法完成该功能的关键代码如下所示。

```
<script type="text/javascript">
$(document).ready(function() {
  $("input[name=event_1]").bind("click",function() {
    $("p").css("background-color","#F30");
  });
});
</script>
```

其运行效果如图 7.12 所示。

（a）初始页面

（b）事件响应

图 7.12 绑定单个事件应用

（2）同时绑定多个事件

使用 bind() 方法不仅可以一次绑定一个事件，还可以同时绑定多个事件。下面使用 bind() 方法为匹配的元素同时绑定多个事件，如图 7.13 所示。要求鼠标移到按钮时，隐藏"公益活动"下的无序列表，鼠标移出时，显示该无序列表，关键代码如下所示。

```
<--! 省略部分代码 -->
$(document).ready(function() {
  $("input[name=event_1]").bind({
    mouseover: function() {
      $("ul").css("display", "none");
    },
    mouseout: function() {
      $("ul").css("display", "block");
    }
  });
})
<--! 省略部分代码 -->
```

其运行效果如图 7.13 所示。

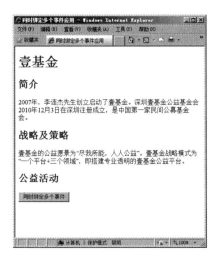
（a）鼠标指针移入

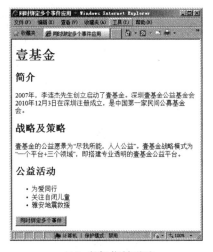
（b）鼠标指针移出

图 7.13　绑定多个事件应用

（3）移除事件

移除事件与绑定事件是相对的，在 jQuery 中，为匹配的元素移除单个或多个事件，可以使用 unbind() 方法，其语法格式如下。

unbind([type],[fn])

unbind() 方法有两个参数，这两个参数不是必需的，当 unbind() 不带参数时，表示移除所绑定的全部事件。详细说明如表 7-15 所示。

表 7-15   unbind() 方法的参数说明

参数类型	参数含义	描述
[type]	事件类型	主要包括 blur、focus、click、mouseout 等基础事件，此外，还可以是自定义事件
[fn]	处理函数	用来解除绑定的处理函数

7. 复合事件

在 jQuery 中有两个复合事件方法 ——hover() 和 toggle() 方法，这两个方法与 ready() 类似，都是 jQuery 自定义的方法。

在 jQuery 中，hover() 方法用于模拟鼠标指针悬停事件。当鼠标指针移动到元素上时，会触发指定的第一个函数（enter）；当鼠标指针移出这个元素时，会触发指定的第二个函数（leave），该方法相当于 mouseover 与 mouseout 事件的组合。其语法格式如下。

```
hover(enter,leave);
```

下面使用 hover() 方法实现图 7.14 所示的效果。要求鼠标指针移过 "我的宜美惠" 时显示下拉菜单。

图 7.14   使用 hover() 方法实现下拉菜单

其 jQuery 代码如示例 7 所示。

😊 示例 7

```
$(document).ready(function() {
    $("#myaccound").hover(function() {
        $("#menu_1").css("display","block");
        },function(){
            $("#menu_1").css("display","none");
    });
});
```

在 jQuery 中，toggle() 方法用于模拟鼠标连续 click 事件。第一次单击元素，触发指定的第一个函数（fn1）；当再次单击同一个元素时，则触发指定的第二个函数（fn2）；如果有更多函数，则依次触发，直到最后一个。随后的每次单击都重复对这几个函数的轮番调用。

toggle() 方法的语法格式如下。

```
toggle(fn1,fn2,...,fnN);
```

示例 8 的 jQuery 代码展示了单击页面内容，页面背景按红、绿、蓝循环切换的功能。

❂ 示例 8

```
<--! 省略部分代码 -->
$(document).ready(function() {
  $("body").toggle(
    function() {
      $(this).css("backgroundColor", "red");
    },
    function() {
      $(this).css("backgroundColor", "green");
    },
    function() {
      $(this).css("backgroundColor", "blue");
    }
  );
})
```

本章总结

- 常用的选择器有：标签选择器、类选择器、ID 选择器、并集选择器。
- 基础事件包括：window 事件、鼠标事件、键盘事件、表单事件。
- 复合事件方法包括 hover()、 toggle()。

本章作业

1. 从下面一段 HTML 文档中，获取加粗的元素有哪几种方式？尽量写出各种 jQuery 选择器。

```
<div id="container" style="display:none">
  <div id="chapter-number">2</div>
  <h1>Selectors</h1>
  <h1 class="subtitle">How to Get Anything You Want</h1>
  <h2>Selected ShakeSpeare Plays</h2>
  <div>
    <ul>
      <li id="part_li">Part I</li>
      <li>Part II</li>
    </ul>
```

```
        <ul>
            <li>Part I</li>
            <li>Part II</li>
        </ul>
    </div>
</div>
```

2．运用了 CSS 选择器规则的 jQuery 选择器有哪些？

3．jQuery 中有哪些基础事件方法？

4．制作如图 7.15 所示的页面，当页面加载完毕时，表格隔行变色，背景颜色的色值为 #ECF8FD。

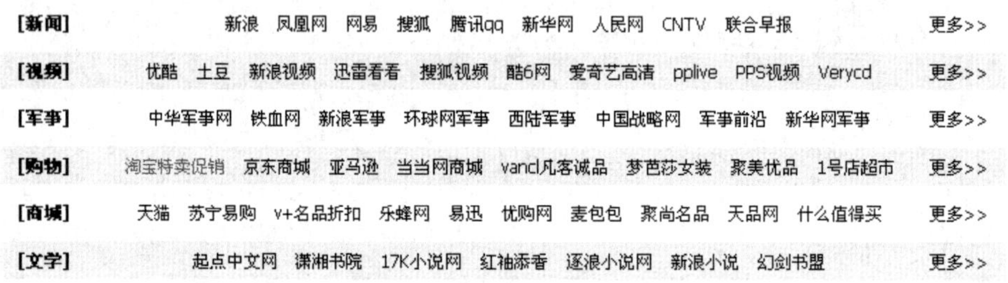

[新闻]	新浪	凤凰网	网易	搜狐	腾讯qq	新华网	人民网	CNTV	联合早报	更多>>
[视频]	优酷 土豆	新浪视频	迅雷看看	搜狐视频	酷6网	爱奇艺高清	pplive	PPS视频	Verycd	更多>>
[军事]	中华军事网	铁血网	新浪军事	环球网军事	西陆军事	中国战略网	军事前沿	新华网军事		更多>>
[购物]	淘宝特卖促销	京东商城	亚马逊	当当网商城	vancl凡客诚品	梦芭莎女装	聚美优品	1号店超市		更多>>
[商城]	天猫	苏宁易购	v+名品折扣	乐蜂网	易迅	优购网	麦包包	聚尚名品	天品网 什么值得买	更多>>
[文学]	起点中文网	潇湘书院	17K小说网	红袖添香	逐浪小说网	新浪小说	幻剑书盟			更多>>

图 7.15　隔行变色的表格

第8章

Django Web 开发

技能目标
- 熟悉 Django Web 项目及应用
- 熟悉 MVC 与 MTV 框架

本章导读

随着 Internet 的迅速发展，使用浏览器作为客户端的 Web 应用程序成为主流。为了使 Web 开发人员更加关注应用的业务逻辑，各种语言都提供了 Web 开发框架以便于开发。Python 语言提供了多种 Web 开发框架，Django 因其易用性和功能的平衡性成为开发的首选。

知识服务

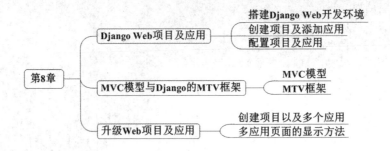

8.1　Django Web 项目及应用

8.1.1　搭建 Django Web 开发环境

1.　Django 简介

Django 是由 Python 语言编写的，开源的快速 Web 开发框架。框架定义了一系列的处理方式和模板，开发人员不需要关注 HTML 的处理，只需要重点关注业务逻辑，提高开发效率，代码具有良好的结构和可读性。

在 Django 框架中包含开发 Web 网络应用所需的组件：对象关系映射（ORM）提供了数据模块和数据引擎之间的接口，支持多种数据库如 MySQL、SQLite 等；自动化的管理界面可以很方便地管理用户数据，具有很好的灵活性和可配置性；动态内容的模板系统使界面的编写和维护更加简单。还有 Django 的开发环境非常强大，提供了一个 Web 服务器，使用调试模式会显示大量的调试信息，使得消除 Bug 非常容易。

当需要使用 Python 语言快速开发以数据库驱动的网站或管理系统时，Django 框架是不错的选择。

2.　搭建 Django Web 开发环境的步骤

使用 Django 开发 Web 应用时，需要搭建相应的开发环境，步骤如下：

（1）首先安装 Python，需要的是 2.7.10 或更高版本，然后配置 Windows 系统的环境变量，在"变量值"的末尾加入 Python 的安装目录，如图 8.1 所示。

图 8.1　配置环境变量

（2）在 https://www.djangoproject.com/download/ 下载 Django-1.8.6 版本的压

缩包，解压缩后将 Django-1.8.6 复制到 Python 安装目录。然后在 CMD 窗口中进入 Django-1.8.6 目录，执行命令 python setup.py install，Django 安装完成如图 8.2 所示。

测试 Django 安装是否成功，可以使用 Python 执行 Django 的文件。

打开 CMD 窗口，进入 D:\Python27\Lib\site-packages\Django-1.8.6-py2.7.egg\django\ bin 目录，执行命令 python django-admin.py，可以看到 Django 的管理命令。

也 可 以 把 D:\Python27\Lib\site-packages\Django-1.8.6-py2.7.egg\django\bin 目 录 设 置到环境变量中，在任意目录下执行 django-admin.py 命令查看。后面的内容需要使用 Django 命令，所以一定要把环境变量设置好。

图 8.2　Django 安装完成

（3）最后安装 PyCharm 开发工具，可以在官网 http://www.jetbrains.com/pycharm/ download 下载，本书使用的是 PyCharm4.5 专业版。PyCharm 可以协助开发人员高效 的开发 Python Web 程序。

直接运行 PyCharm 安装包，使用默认参数安装即可。当第一次打开 PyCharm 程 序时，弹出界面如图 8.3 所示。

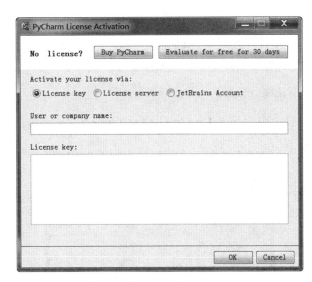

图 8.3　第一次打开 PyCharm

可以 30 天免费试用，也可以购买正版的序列号。输入序列号成功后，PyCharm 的 界面如图 8.4 所示。

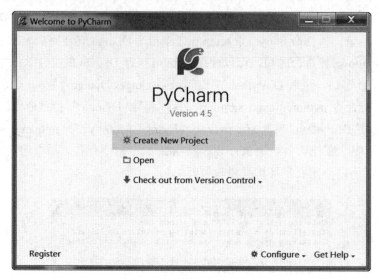

图 8.4　PyCharm 的界面

可以创建一个新工程，或者打开一个已存在的工程，或者从程序的版本服务器下载工程。

8.1.2　创建项目及添加应用

使用 Django 开发 Web 程序，可以分为几个步骤，创建项目、添加应用、配置项目及应用、编写代码、运行测试。项目指的是整个 Web 程序，而每个应用负责完成一个功能，一个项目中可以创建多个应用。本节以案例来分析创建项目和添加应用的方法。

案例：唐诗宋词赏析网站

（1）创建 Django 项目可以使用 PyCharm 工具，但通常是使用 CMD 命令行的方式，然后使用 PyCharm 管理和编写项目。在 CMD 命令行执行如下命令：

```
D:\Python27>django-admin.py startproject testproject
```

在 D:\Python27 目录中创建了 Django 工程 testproject，目录结构如图 8.5 所示。

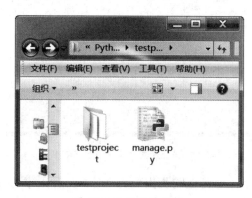

图 8.5　工程目录结构

然后可以运行 manage.py 文件启动 Django 自带的服务器，如图 8.6 所示。

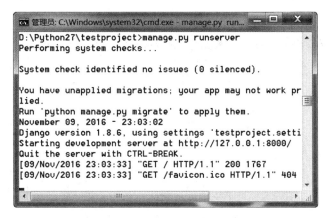

图 8.6　启动 Django 自带的服务器

服务器启动成功后，可以使用网址 http://127.0.0.1:8000 访问到项目页面，如图 8.7 所示。

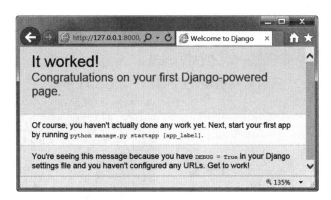

图 8.7　访问到项目页面

在 PyCharm 的启动界面选择 "Open" 可以打开创建的工程，但 PyCharm 的默认字体太小，可以对字体进行设置。使用菜单的 File → Setttings → Appearance & Behavior → Appearance 可以设置界面的字体为 16，如图 8.8 所示。

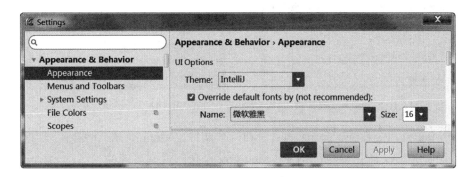

图 8.8　设置界面的字体

使用菜单的 File → Setttings → Editor → Colors&Fonts → Font 可以设置代码的字体大小，如图 8.9 所示。

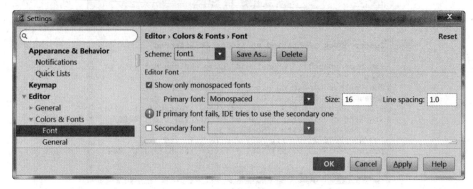

图 8.9　设置代码的字体

导入的工程结构如图 8.10 所示。

settings.py 设置数据库、模板、语言等；urls.py 管理 URL 路径；wsgi.py 在生产环境中配置服务器时使用。

（2）在工程中创建应用 tangshi，CMD 命令如下所示：

```
D:\Python27\testproject>manage.py startapp tangshi
```

此时在 PyCharm 中可以看到新创建的应用，如图 8.11 所示。

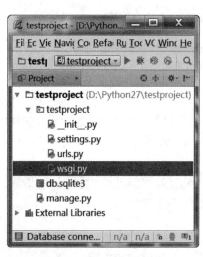

图 8.10　导入的工程结构

图 8.11　新创建的应用

应用 tangshi 也有了一个对应的目录和几个文件，admin.py 用于编写后台相关的操作；models.py 定义数据模型的信息；views.py 包含此模型对应的视图；test.py 用于编写测试代码。

8.1.3　配置项目及应用

1．Django 执行流程

Django 框架生成的文件就是它完成程序时的组件，下面我们看看它的执行流程，如图 8.12 所示。

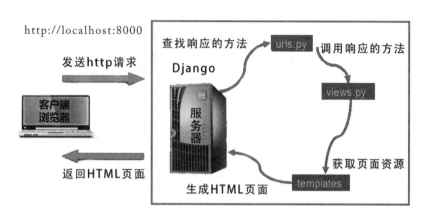

图 8.12　Django 的执行流程

执行流程分为以下几个步骤：

（1）客户端浏览器向服务器发出 http 请求。

（2）Django 服务器根据请求中的路径在 urls.py 中查找响应的方法。

（3）在 view.py 中的响应方法为页面准备数据，然后根据对应关系找到 templates 目录中的模板页面。

（4）Django 对模板页面进行渲染生成 HTML 页面，最后返回给客户端浏览器。

通过执行流程不难看出，Django 框架规定好了各个组件的执行顺序，只要在不同的配置文件中定义好对应的关系，组件间就可以协同工作了。

2．Django 的配置过程

前面已经创建了项目 testproject 和应用 tangshi，现在进一步完善代码，根据 Django 的执行流程演示配置过程。

（1）新添加的应用 tangshi 需要在 settings.py 中指定出来，这样 testproject 才能知道应用的存在。打开 settings.py，找到 INSTALLED_APPS，添加如下内容：

```
INSTALLED_APPS = (
    'django.contrib.admin',
    'django.contrib.auth',
    'django.contrib.contenttypes',
    'django.contrib.sessions',
    'django.contrib.messages',
    'django.contrib.staticfiles',
```

```
    'tangshi',                                      // 新添加的应用
)
```

（2）配置项目的 urls.py 文件，它定义了 URL 路径和响应方法的对应关系，在 urls.py 中加入如下内容：

```
urlpatterns = [
    url(r'^admin/', include(admin.site.urls)),
    url(r'^$', 'tangshi.views.default'),           // 路径和响应方法的对应关系
]
```

url(r'^$', 'tangshi.views.default') 的作用是定义路径和响应方法的对应关系，第一个参数是 URL 的正则表达式，第二个参数是响应的方法名 default。

（3）在应用的 views.py 中定义 default 方法，代码如下所示：

```
from django.shortcuts import render
def default(request):
    return render(request,'default.html')
```

定义 default 方法需要 request 参数，它是在做 http 处理时需要用到的参数。方法体中可以是对数据进行处理的过程，最后使用 render(request,'default.html') 返回模板页面 default.html。

（4）在 tangshi 应用中创建 templates 目录，然后在它里面创建 default.html 模板页面，代码如下所示：

```
<!DOCTYPE html>
<html>
<head lang="en">
    <meta charset="UTF-8">
    <title> 唐诗宋词赏析 </title>
</head>
<body>
    <h3 style="text-align: center;"><a href="/tangshi"> 唐诗列表 </a></h3>
    <h3 style="text-align: center;"><a href="/songci"> 宋词列表 </a></h3>
</body>
</html>
```

（5）启动服务器，访问网址 http://127.0.0.1:8000，如图 8.13 所示。

图 8.13　访问网址

3. Django 的配置参数

我们已经了解 Django 的配置方法了，但还有一些参数细节需要掌握。

（1）在 urls.py 中定义路径和方法的对应关系时使用到了 url(r'^$', 'tangshi.views.default')。正则表达式"r'^$'"中"r'"表示原始字符串，也就是说它后面的内容都是字符串，即使是转义字符如"\n"等也是当成字符串处理。"^$"表示匹配根路径，所以我们用 http://127.0.0.1:8000 路径可以访问到页面。匹配成功后，根据"tangshi.views.default'"查找应用 shangshi 的 views.py 中的 default 方法。

（2）在 views.py 中定义的方法参数 request 是 Django 将 http 请求转换成的一个请求对象，request 包含了所有请求相关的数据。"return render(request,'default.html')"的作用是找到模板目录中的 default.html 并对它进行渲染。

4. 针对应用 tangshi 的请求处理

现在针对应用 tangshi 做进一步的处理，单击超链接"唐诗列表"打开新的页面。步骤如下：

（1）在项目的 urls.py 中添加新的 URL 和响应方法的对应关系，代码如下所示：

```
urlpatterns = [
    url(r'^admin/', include(admin.site.urls)),
    url(r'^$', 'tangshi.views.default'),
    url(r'^tangshi/', 'tangshi.views.index'),       // 新加入的 url
]
```

（2）在应用的 views.py 中定义对应的响应方法，代码如下所示：

```
def index(request):
    return render(request,'tangshi_index.html')
```

（3）在应用的模板目录 templates 中添加新的页面 tangshi_index.html，代码如下所示：

```
<!DOCTYPE html>
<html>
<head lang="en">
    <meta charset="UTF-8">
    <title> 唐诗 </title>
    <h3 style="text-align: center;"> 床前明月光 </h3>
    <h3 style="text-align: center;"> 疑是地上霜 </h3>
    <h3 style="text-align: center;"> 举头望明月 </h3>
    <h3 style="text-align: center;"> 低头思故乡 </h3>
</head>
<body>
</body>
</html>
```

（4）现在单击"唐诗列表"后，将打开 tangshi_index.html 页面，它的路径是

http://127.0.0.1:8000/tangshi/，如图 8.14 所示。

图 8.14　打开页面（1）

5．添加应用 songci 及配置

现在我们再添加一个应用 songci，步骤如下所示。

（1）在命令行中创建应用，执行如下命令：

```
D:\Python27\testproject>manage.py startapp songci
```

（2）在项目的 settings 中指定应用，代码如下所示：

```
INSTALLED_APPS = (
    'django.contrib.admin',
    'django.contrib.auth',
    'django.contrib.contenttypes',
    'django.contrib.sessions',
    'django.contrib.messages',
    'django.contrib.staticfiles',
    'tangshi',
    'songci',                          // 新添加的应用 songci
)
```

（3）在项目的 urls.py 中定义路径和方法的关系，代码如下所示：

```
urlpatterns = [
    url(r'^admin/', include(admin.site.urls)),
    url(r'^$', 'tangshi.views.default'),
    url(r'^tangshi/', 'tangshi.views.index'),
    url(r'^songci/', 'songci.views.index'),    // 应用 songci 对应的路径和方法 index
]
```

（4）在应用 songci 的 views.py 中定义 index 方法，代码如下所示：

```
from django.shortcuts import render
def index(request):
    return render(request,'songci_index.html')
```

（5）在 songci 应用中创建 templates 目录，然后在它里面创建 songci_index.html

文件，代码如下：

```
<!DOCTYPE html>
<html>
<head lang="en">
    <meta charset="UTF-8">
    <title 宋词 </title>
</head>
<body>
    <h3 style="text-align: center;"> 怒发冲冠，凭栏处、潇潇雨歇。</h3>
    <h3 style="text-align: center;"> 抬望眼，仰天长啸，壮怀激烈。</h3>
    <h3 style="text-align: center;"> 三十功名尘与土，八千里路云和月。</h3>
    <h3 style="text-align: center;"> 莫等闲、白了少年头，空悲切！</h3>
</body>
</html>
```

（6）单击"宋诗列表"打开 songci_index.html，如图 8.15 所示。

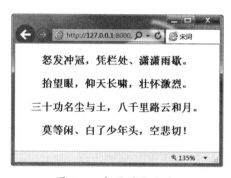

图 8.15　打开页面（2）

8.2　MVC 模型与 Django 的 MTV 框架

1. MVC 模型

当多人同时开发一个项目时存在很多的问题，如每个人都需要关注项目整体架构、工作效率低、代码耦合度高、代码版本不易控制、重用性较差、维护性差等。解决的办法是对程序进行分层处理，每一层负责各自的工作，配合完成整个项目。

怎样进行分层处理呢？我们先看一个生活中的例子，饭店里人员的分工就是分层处理，如图 8.16 所示。

顾客到饭店后，服务员只负责接待客人，然后把顾客点的菜交给厨师，而厨师只负责烹炒美食，最后由服务员把美食交给顾客。在这个过程中，服务员和厨师各自负责自己的工作，共同协作为客人提供服务。

MVC 设计模式就是非常流行的一种程序中的分层方式，它是全名是 Model View

Controller，即模型—视图—控制器。其中模型（Model）用于封装数据，进行业务处理，返回处理结果；视图（View）用于展示界面；控制器（Controller）用于接收客户端请求，将模型和视图联系在一起，以实现用户请求的功能。所以说 MVC 把 Web 分为数据模型、控制器和视图三层，使业务逻辑与数据表现分开，每一层只负责自己的工作，使程序结构清晰、易于控制。

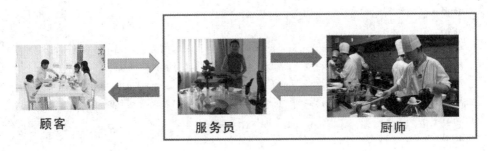

图 8.16　饭店里人员的分工

2. MTV 框架

大多数编程语言都有 MVC 开发框架，Django 遵循了 MVC 模式，称为 MTV 框架。Django 里更关注的是模型（Model）、模板（Template）和视图（View），模型指数据模型，它使用 ORM 的方式负责数据库管理；视图控制要显示的数据；控制器由 Django 框架自行处理。MTV 与 MVC 的对比结构如图 8.17 所示。

在图中我们可以看出，MVC 中的视图在 MTV 中被分为了模板和视图，并且在 MTV 中控制器不需要编写，它已经存在于 Django 中。

前面我们在编写 Django 项目时，在项目的 urls.py 中指定路径和方法的关系，urls.py 实际上就是所有 URL 的分发器，将 MTV 串联起来，匹配成功后就去 views.py 中查找对应的方法，而方法最后去调用模型和模板返回给客户端，如图 8.18 所示。

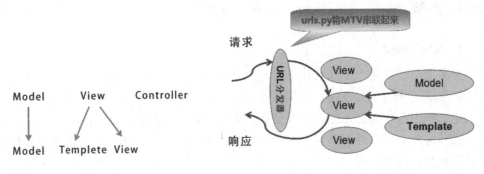

图 8.17　MTV 与 MVC 的对比　　　　图 8.18　Django 工作流程

我们再来看看 Django 框架的整体架构，如图 8.19 所示。

当客户端发出 Http 请求后，Django 框架接收请求，根据 URL 映射中的规则匹配 URL 处理逻辑，找到对应的视图的方法，方法中包含的业务逻辑用于处理数据。数据保存在模型中，使用 ORM 将数据库指令映射成 Python 代码。最后模板引擎对模板和数据进行处理，返回给客户端 HTML 页面。

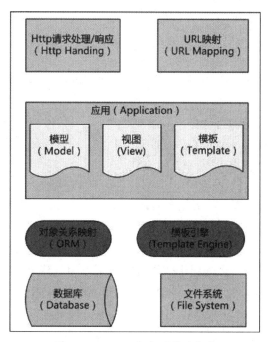

图 8.19　Django 框架的整体架构

8.3　升级 Web 项目及应用

前面讲到的案例并不完善，单击"唐诗列表"或"宋词列表"后显示的只是某一首唐诗或宋词，本节将进一步完善功能，显示出诗歌的列表后，再进入到诗歌的具体内容页面。

1. 创建项目以及多个应用

（1）在命令行创建项目 testproject1，然后创建应用 tangshi 和 songci，命令如下：

```
D:\Python27>django-admin.py startproject testproject1          // 创建项目 testproject1
D:\Python27>cd testproject1
D:\Python27\testproject1>manage.py startapp songci             // 创建应用 songci
D:\Python27\testproject1>manage.py startapp tangshi            // 创建应用 tangshi
```

（2）在 settings.py 中加入应用，代码如下：

```
INSTALLED_APPS = (
    'django.contrib.admin',
    'django.contrib.auth',
    'django.contrib.contenttypes',
```

```
    'django.contrib.sessions',
    'django.contrib.messages',
    'django.contrib.staticfiles',
    'tangshi',             // 加入应用
    'songci',              // 加入应用
)
```

（3）在项目的 urls.py 中加入路径和方法的对应关系，代码如下：

```
urlpatterns = [
    url(r'^admin/', include(admin.site.urls)),
    url(r'^$','tangshi.views.default'),
    url(r'^tangshi/',include('tangshi.urls')),       // 使用 include
    url(r'^songci/', include('songci.urls')),        // 使用 include
]
```

这里使用了 include 参数，"url(r'^tangshi/',include('tangshi.urls'))" 的作用是当匹配了 URL 时，将调用应用 tangshi 的 urls.py 中定义的规则。也就是说各个应用自己管理自己的路径规则，多个应用之间便于代码维护，可以用于建立二级列表。

在应用 tangshi 下面创建 urls.py 文件，加入路径的匹配规则，代码如下：

```
urlpatterns = [
    url(r'^$', 'tangshi.views.index'),               // 匹配根路径
    url(r'^detail/(\d+)$','tangshi.views.detail'),   // 匹配 detail/+ 数字路径
]
```

这里需要注意，第一个 url 匹配的是根路径，因为在项目的 urls.py 中指定匹配 "tangshi/" 时将调用应用 tangshi 的匹配规则，所以这里的根路径指的是 "tangshi/"，访问 http://127.0.0.1:8000/tangshi 时请求的是 index 方法，对应的页面是显示唐诗名称列表。第二个 url 的正则表达式以 "detail/" 开头，"\d" 表示任意数字，"+" 表示一个或多个前面的字符，如访问 http://127.0.0.1:8000/tangshi/detail/3 就可以匹配，对应的页面是显示唐诗的详细内容，数字 3 表示的是唐诗的标识，不同唐诗的标识是不同的。

正则表达式常用的匹配规则如表 8-1 所示。

表 8-1　正则表达式常用的匹配规则

匹配符	说明
.	任意字符
\d	任意数字
[A-Z]	A ～ Z 的任意字符（大写）
[a-z]	a ～ z 的任意字符（小写）
[A-Za-z]	A ～ z 的任意字符（大小写不敏感）
[^/]+	任意字符直到一个前斜线（不包含斜线本身）

续表

匹配符	说明
+	一个或多个前面的字符
?	零个或多个前面的字符
{1,3}	1 ～ 3 个之间前面的字符（包含 1 和 3）

在应用 songci 下面创建 urls.py 文件，加入路径的匹配规则，代码如下：

```
urlpatterns = [
    url(r'^$', 'songci.views.index'),
    url(r'^detail/(\d+)$','songci.views.detail'),
]
```

2. 多应用页面的显示方法

前节完成了路径的匹配规则，现在就可以编写具体的功能代码了。

（1）在 tangshi 应用中编写首页的响应方法，在 views.py 中加入如下代码：

```
def default(request):
    return render(request,'default.html')
```

在 tangshi 应用中创建 templates 目录，编写首页 default.html 文件，代码如下：

```html
<!DOCTYPE html>
<html>
<head lang="en">
    <meta charset="UTF-8">
    <title> 唐诗宋词赏析 </title>
</head>
<body>
    <h3 style="text-align: center;"><a href="/tangshi"> 唐诗列表 </a></h3>
    <h3 style="text-align: center;"><a href="/songci"> 宋词列表 </a></h3>
</body>
</html>
```

（2）然后需要加入唐诗的列表页面，在 tangshi 应用的 views.py 中加入 index 方法，代码如下：

```python
#coding=utf-8        // 在文件的最上面加上编码格式，否则中文可能会报错
def index(request):
    gushi_list=[('1',u'《丹青引赠曹霸将军》',u' 杜甫 '),        // 在页面上显示的数据
        ('2',u'《山石》',u' 韩愈 ')]
    return render(request,'tangshi_index.html',{'list':gushi_list})
```

在 index 的方法体中定义了列表 gushi_list，而列表中又包含了两个元组表示唐诗。在 "('1',u'《丹青引赠曹霸将军》',u' 杜甫 ')" 中，第一个参数 "1" 表示唐诗的标识，而上节提到的详细页面路径 "detail/" 后面是有一个数字的，这个标识就是为后面详细页面做准备的数据；第二个参数表示唐诗的名称；第三个参数表示作者的名称。它们

前面都使用了 "u" 前缀，这是因为在 HTML 中显示这些中文字符时，HTML 的编码设置成了 "utf-8"，字符串前面有 "u" 才能正确的显示，否则就会出现乱码的情况。使用 render 方法返回页面时，多了一个字典参数 "{'list':gushi_list}"，这是因为我们希望 gushi_list 中的数据显示到页面上，需要把数据传递给 Django 框架，由它把数据和页面进行渲染。

编写唐诗的列表页面 tangshi_index.html，代码如下所示：

```html
<!DOCTYPE html>
<html>
<head lang="en">
  <meta charset="UTF-8">
  <title> 唐诗列表 </title>
</head>
<body>
{% for id,title,author in list %}          //Django 的模板标签
  <h3 style="text-align: center;">
    <a href="/tangshi/detail/{{id}}">{{title}}{{author}}</a>        // 显示变量
  </h3>
{% endfor %}
</body>
</html>
```

此处用到了 Django 模板，它可以很方便地把我们传递过来的唐诗列表显示出来。当需要显示 Python 变量时，使用双花括号的形式，如 {{variable}}，就会把变量值显示出来，页面中的 id、title、author 都是变量，它们的值会由 Django 的模板引擎进行处理，在相应位置显示。

当执行 Python 语句时，需要使用标签 "{%Python 语句 %}" 处理，如 "{% for id,title,author in list %}" 中就是 Python 循环语句。在 index 方法的返回值中已经把 list 进行了传递，此处就可以对其进行 Python 的标准操作。对应的还有一个循环的结束语句 "{% endfor %}"，因为 Python 本身以空格作为语句块的标识，但在模板中是 Python 和 HTML 混合编码，无法用空格实现语句块，所以一定要有循环的结束语句。在循环开始和结束语句中间的内容，就会被循环输出。

和 for 循环一样，如果在模板中使用 if 语句，也需要结束标识，使用 endif。

启动项目 testproject1 后，单击 "唐诗列表"，显示唐诗的列表页面，然后可以看到不同的超链接后面的数字标识是不同的，如图 8.20 所示。

第一首诗的路径是 "detail/1"，第二首诗的路径是 "detail/2"，如果能够取得数字就可以知道单击的是哪一首诗。

（3）在 tangshi 应用的 views.py 中加入方法 detail，用于处理对路径 "detail/ 数字" 的响应，代码如下：

```python
def detail(request,id):           // 多了一个参数 id
    return render(request,'tangshi_detail_%s.html'%id)
```

图 8.20　列表页面

方法 detail 多了一个参数 id，它其实就是用于接收后面数字的变量，当路径是 "detail/1" 时，id 值是 1，当路径是 "detail/2" 时，id 值就是 2。这个过程完全由 Django 框架控制，只需要按照规则编写。返回的页面使用 id 值拼接，也就是 id 为 1 时的返回页是 tangshi_detail_1.html，id 为 2 时的返回页是 tangshi_detail_2.html。在 templates 下分别创建这两个页面。

tangshi_detail_1.html 代码如下：

```html
<!DOCTYPE html>
<html>
<head lang="en">
  <meta charset="UTF-8">
  <title> 丹青引赠曹霸将军 </title>
</head>
<body>
将军魏武之子孙，于今为庶为清门。
<br>
英雄割据今已矣，文采风流今尚存。
<br>
学书初学卫夫人，但恨无过王右军。
<br>
丹青不知老将至，富贵于我如浮云。

</body>
</html>
```

tangshi_detail_2.html 代码如下：

```html
<!DOCTYPE html>
<html>
<head lang="en">
  <meta charset="UTF-8">
  <title> 山石 </title>
</head>
<body>
山石荦确行径微，黄昏到寺蝙蝠飞。
<br>
```

```
升堂坐阶新雨足，芭蕉叶大支子肥。
<br>
僧言古壁佛画好，以火来照所见稀。
<br>
铺床拂席置羹饭，疏粝亦足饱我饥。


</body>
</html>
```

（4）至此 tangshi 应用已经编写完成，单击不同的诗歌，出现不同的内容页面，如图 8.21 和图 8.22 所示。

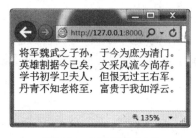

图 8.21　内容页面（1）

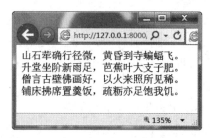

图 8.22　内容页面（2）

songci 应用与 tangshi 应用的编写方式相同，读者可以尝试编写使项目完整。

本章总结

● Django 是由 Python 语言编写的，开源的快速 Web 开发框架。框架定义了一系列的处理方式和模板，开发人员不需要关注 HTML 的处理，只需要重点关注业务逻辑，提高开发效率，代码具有良好的结构和可读性。

● Django 是 MTV 框架，包含模型（Model）、模板（Template）和视图（View）。

● django-admin.py 用于创建项目，manage.py 用于创建应用和启动服务器。

● urls.py 用于配置路径转发，views.py 用于编写视图方法，在 templates 目录中保存 Django 模板文件。

第9章

Django 开发 Blog 项目

技能目标

- 掌握 Django 操作 MySQL 数据库
- 能够开发 Blog 应用

本章导读

本章将介绍使用 Django 连接 MySQL 数据库进行增删改查操作，并在此基础上开发 Blog 应用。

知识服务

9.1 Django 操作 MySQL 数据库

9.1.1 ORM 介绍

在大多数软件开发中使用的是关系型数据库，它的特点是通过关联键使不同的表之间产生关系。但是开发程序的语言如 Java、Python 等是面向对象的语言，所以数据库和开发语言表示数据结构的方式并不相同，于是就出现了解决这种矛盾的技术，即 ORM。

ORM 是 Object Relation Mapping 的简写，一般称作"对象关系映射"。在 Web 开发中最常出现在与关系型数据库交互的地方。在 Django 中，ORM 将数据库指令映射成 Python 代码，ORM 也可以称为接口、中间件、库、包等。

ORM 有 4 个核心理念：

（1）简单，ORM 以最基本的形式建模数据。比如 ORM 会将 MySQL 的一张表映射成一个 Python 类，表的字段就是这个类的成员变量。

（2）精确，ORM 使所有的 MySQL 数据库表都按照统一的标准精确地映射成 Python 类，使系统在代码层面保持准确统一。

（3）易懂，ORM 使数据库结构文档化。比如 MySQL 数据库就被 ORM 转换为程序员可以读懂的类，程序员可以只把注意力放在他擅长的代码层面。

（4）易用，ORM 避免了不规范、冗余、风格不统一的 SQL 语句，可以避免很多人为 Bug，方便编码风格的统一和后期维护。

9.1.2 Django 的 ORM 映射方式

使用 Django 的 ORM 实际上就是定义 Python 的模型类和属性，而类和数据库表、类的属性和数据库表的字段是一种映射关系，对于数据库中的概念如主键、外键等在模型类中都会有所体现。当定义好模型类后，数据库表结构就已经展现了出来。

1. 定义模型

Django 定义模型类的方法是继承 django.db.models.Model 类，这个模型类会生成对应的数据库表。模型类中的属性是 models.CharField、models.BooleanField 等类型的变量，属性名会生成数据库表中对应的字段。示例代码如下：

```
from django.db import models
class Student (models.Model):                      // 继承模型基类，生成数据库表
    name=models.CharField(max_length=45)           // 数据库表中字符串型的字段
    tel=models.CharField(max_length=20)
```

Django 会自动生成模型类 Student 对应的数据库表名，表名默认是"应用名_模型名"。Student 类中的 name 和 tel 属性会在表中自动生成对应的字符串型的字段。"max_length=45"表示 name 字段最大长度是 45 个字符，"max_length=20"表示 tel 字段的最大长度是 20 个字符。

2.　修改模型默认参数

定义模型类中的 Meta 子类可以修改 Django 默认生成的数据，如模型类对应的表名称、数据的默认排序方式等。示例代码如下：

```
from django.db import models
class Student (models.Model):                      // 继承模型基类，生成数据库表
    name=models.CharField(max_length=45)           // 数据库表中字符串型的字段
    tel=models.CharField(max_length=20)

    class Meta:
    db_table='student'                             // 定义表名
    managed=False                                  // 后台不可以管理
```

语句"db_table='student'"的作用是指定生成的表名为 student，"managed=False"的作用是指定当前模型类不由 Django 管理，数据库表由用户手工进行维护。

3.　字段类型

（1）Django 中除了 models.CharField 外，还有很多种字符类型，可以协助程序员自动完成映射。常用的字段类型如表 9-1 所示。

表 9-1　常用的字段类型

字段类型	描述
BinaryField	二进制数据
BooleanField	布尔数据
TextField	大文本数据
DateField	日期数据
FloatField	浮点型数据

使用不同的字段类型定义模型的属性，数据库表中会自动生成对应的字段。

（2）在前面的示例中使用到了"max_length=45"，它是字段的一个参数，还有很多参数可以使用。示例代码如下：

```
from django.db import models
class Student (models.Model):                      // 继承模型基类，生成数据库表
    name = models.CharField(" 学生名 ",primary_key=True,max_length=45,null=True,blank=True)
```

参数"primary_key=True"表示这个字段是表的主键，如果模型中没有定义主键，Django 会自动生成一个主键。"null=True"表示这个字段允许为空。它们是用来表示数据表的约束关系。

在 Django 中提供了方便的 HTML 后台管理工具，可以对模型类进行操作。参数"学生名"表示在 HTML 中显示的名称，默认是显示字段的名称。"blank=True"表示 HTML 表单验证时，允许不输入数据。

4．ORM 中的继承关系

Django 模型的继承关系也可以转换为数据库的表结构，有三种方式：抽象类继承、多表继承、代理模型继承。

（1）抽象类继承是先定义基类，然后子类继承基类，数据库中每个子类生成一个对应的表，它们含有基类定义的字段和自己特有的字段，示例代码如下：

```
from django.db import models
class StudentBase (models.Model):          // 抽象模型基类
    name=models.CharField(max_length=45)
    class Meta:
        abstract=True                      // 定义当前类为抽象类

    class StudentOne(StudentBase):         // 继承 StudentBase
        tel=models.CharField(max_length=45)

    class StudentTwo(StudentBase):         // 继承 StudentBase
        age=models.CharField(max_length=45)
```

在模型类 StudentBase 的 Meta 中定义 abstract=True 表示当前类为抽象类，StudentOne 继承 StudentBase，此时数据库表 studentone 中有基类的字段 name 和自定义的字段 tel，而 studenttwo 表中有字段 name 和 age。当只需要使用子类模型操作数据时使用抽象类继承。

（2）多表继承不需要定义抽象基类，直接由子类继承父模型类，父模型类和子类都由对应的数据库表生成。并且父模型类的表中只有自己定义的字段，而子类表也只有自己定义的字段，不含有父类定义的字段。示例代码如下：

```
from django.db import models
class StudentBase(models.Model):          // 父类
    name=models.CharField(max_length=45)

    class StudentOne(StudentBase):         // 继承 StudentBase
        tel=models.CharField(max_length=45)

    class StudentTwo(StudentBase):         // 继承 StudentBase
        age=models.CharField(max_length=45)
```

StudentBase 类生成的表有字段 name；StudentOne 生成的表中有字段 tel；StudentTwo

生成的表中有字段 age。使用模型类时，子类 StudentOne 和 StudentTwo 都可以调用到父类的 name 属性。

（3）代理模型继承是在子类中定义代理，它只用于管理父类数据，并不会生成对应的数据库表。示例代码如下：

```
from django.db import models
class StudentBase(models.Model):               // 父类
    name=models.CharField(max_length=45)
    age=models.CharField(max_length=45)
class StudentOne(StudentBase):                 // 继承 StudentBase
    class Meta:
        proxy=True                             // 设置代理
        ordering=['age']                       // 按 age 字段排序
```

在子类的 Meta 中定义 proxy=True，表示它管理父类数据，ordering=['age'] 表示按 age 字段进行排序。StudentOne 并不会生成数据库表，它只是对父类 StudentBase 表的数据进行了排序。使用代理模型继承的目的就是在不改变父类的情况下，在子类中加入新的特性。

9.1.3　Django 连接 MySQL 做增删改查

1. Django 连接 MySQL

使用 Django 连接 MySQL 分为以下几个步骤：

（1）连接 MySQL 数据库需要下载 MySQLdb 类库，它可以帮助我们完成数据库的连接工作。下载地址是 http://www.codegood.com/downloads，这里选用的是 MySQL-python-1.2.3.win-amd64-py2.7.exe，直接默认安装即可。

（2）在 MySQL 中创建数据库 djangodb，建库语句如下：

```
create database djangodb character set utf8;
```

（3）在 CMD 命令窗口创建 Django 项目，命令如下：

```
D:\Python27>django-admin.py startproject projectmysql
```

然后使用 PyCharm 打开项目，修改 settings.py 文件的数据库引擎，指定到 MySQL 数据库，代码如下所示：

```
DATABASES = {
    'default': {
        'ENGINE': 'django.db.backends.mysql',
        'NAME':'djangodb',
        'USER':'root',
        'PASSWORD':'111111',
        'HOST':'127.0.0.1',
        'PORT':'3306'
    }
}
```

其中的配置项含义如下。

- 参数 'ENGINE' 的作用是指定连接的数据库是 MySQL。
- 'NAME' 是要连接的数据库的名称。
- 'USER' 和 'PASSWORD' 是连接数据库的用户名和密码。
- 'HOST' 是连接的服务的 IP 地址。
- 'PORT' 是数据库提供服务的端口号。

（4）在 CMD 窗口中创建项目中的应用，命令如下：

```
D:\Python27\projectmysql>django-admin.py startapp app1
```

修改 settings.py，把应用加入到项目中，代码如下：

```
INSTALLED_APPS = (
    'django.contrib.admin',
    'django.contrib.auth',
    'django.contrib.contenttypes',
    'django.contrib.sessions',
    'django.contrib.messages',
    'django.contrib.staticfiles',
    'app1',                        // 加入应用 app1
)
```

（5）Django 提供一套自动生成的用于数据库访问的 API，每个模型都是 django.db.models.Model 的一个 Python 子类。在 models 中定义的每个类相当于数据库中的表，类中的每个属性都是数据库中的一个字段。使用 ORM 的目的是在不需要编写 SQL 语句的情况下，完成对数据库的操作。下面在应用 app1 的 models.py 中编写 Student 类，示例代码如下：

```
class Student (models.Model):
    name=models.CharField(max_length=45)
    tel=models.CharField(max_length=20)
```

在执行完后面的操作后，数据库中会生成 Student 类对应的表，表中的字段就是 Student 类中的属性 name 和 tel。models.CharField(max_length=45) 的作用是设置字段为字符型，最大长度为 45，在生成后的数据库表中可以看到。相应的方法还有生成整型类型的 IntegerField()、生成日期型的 DateField() 等。

（6）对模型的语法进行检测，查看是否正确，在 CMD 窗口中执行如下命令：

```
D:\Python27\projectmysql>manage.py check
System check identified no issues (0 silenced).
```

输出的结果显示语法是正确的，然后可以对数据库生成预览文件，在 CMD 窗口中执行如下命令：

```
D:\Python27\projectmysql>manage.py makemigrations
Migrations for 'app1':
```

```
0001_initial.py:
  - Create model Student
```

输出的结果显示预览是成功的，最后就可以生成数据库表了，在 CMD 窗口中执行如下命令：

```
D:\Python27\projectmysql>manage.py migrate
Operations to perform:
  Synchronize unmigrated apps: staticfiles, messages
  Apply all migrations: admin, contenttypes, auth, app1, sessions
// 省略内容
  Applying app1.0001_initial... OK
// 省略内容
```

生成成功后，在数据库中将生成以"应用名 _ 类名"组成的表名，本例的表名是"app1_student"，表中有 name 和 age 字段，还自动生成了一个 id 字段表示主键。还生成了其他一些表，它们是用于 Django 后台管理的内容，由 Django 自己管理。

2. Django 连接 MySQL 做增删改查操作

前一节通过 Python 类生成了数据库表，现在只要使用 Python 方法就可以完成对数据库的增删改查操作。

（1）manage.py 提供了一个 Shell 工具，它可以启动 Django 的运行环境，要单独完成数据库操作的测试，需要在它里面完成。Shell 里面可以调用当前项目 models.py 中的 API，还有一些小测试都非常方便。在 CMD 窗口中启动 Shell 的命令如下：

```
D:\Python27\projectmysql>manage.py shell
Python 2.7.10 (default, May 23 2015, 09:44:00) [MSC v.1500 64 bit (AMD64)]
on win32
Type "help", "copyright", "credits" or "license" for more information.
(InteractiveConsole)
```

下面使用两种方法完成数据的插入操作，示例代码如下：

```
from app1.models import Student              // 导入 Student 类
Student.objects.create(name='s1',tel='001')  // 方法 1
<Student: Student object>
s = Student(name='s2',tel='002')             // 方法 2
s.save()
```

首先导入了 Student 类，第 1 种方法使用 Student.objects.create(name='s1',tel='001') 把对象数据插入到数据库中，第 2 种方法是先创建类的实例对象，然后调用 save() 方法插入数据，此时打开数据表，可以看到插入了两条数据。所以上面虽只有两种方法，但实际上 Python 做了很多我们看不到的工作，把对象转换成了 SQL 的 insert 语句，简化了代码量。

（2）把上面插入的数据查询出来，使用 Student.objects.all() 方法即可，示例代码如下：

```
>>> Student.objects.all()            // 查询表中所有数据
[<Student: Student object>, <Student: Student object>]
>>> students = Student.objects.all()
>>> for s in students:
...     print s.name,s.tel
...
s1 001
s2 002
```

使用 Student.objects.all() 可以查询出 Student 类对应的数据表中所有的数据，它返回的是 Student 对象的列表，使用 for 循环对它进行了输出。

按条件查询可以使用 filter() 和 exclude() 方法，filter() 查询符合条件的数据，exclude() 查询不符合条件的数据。示例代码如下：

```
>>> students=Student.objects.filter(tel_contains='2')
>>> for s in students:
...     print s.tel
...
002
>>> students=Student.objects.exclude(tel_contains='2')
>>> for s in students:
...     print s.tel
...
001
```

"tel_contains='2'" 表示的是 tel 字段包含 "'2'" 这个字符串，也就是使用双下划线连接字段名和后面的谓词。filter() 方法表示的是符合以上条件的数据都会被查询出来，使用 for 循环输出结果集。exclude() 方法表示的是查询出不符合条件的数据。

这种使用谓词表示条件的方式还有很多种，如表 9-2 所示。

表 9-2 谓词及其含义

谓词	描述
exact	精确等于
in	包含
gt	大于
gte	大于等于
lt	小于

这些谓词对应的就是数据库中的条件查询语句，如语句 "Student.objects.exclude(tel_contains='2'" 等价的 SQL 语句是 "select * from student where tel like '%2%'"。其他谓词的等价语句雷同。

查询还有其他几种方式，示例代码如下：

```
>>> Student.objects.first().name            // 第一条数据
u's1'
```

```
>>> Student.objects.last().name          // 最后一条数据
u's2'
>>> s = Student.objects.get(name='s1')    // 查询 name='s1' 的数据
>>> s.tel
u'001'
```

first() 方法可以查询出第一条数据，last() 方法是查询出最后一条数据，get() 方法是按条件查询一条数据。

（3）修改数据的方法是先查询出数据，修改后保存，示例代码如下：

```
>>> s = Student.objects.get(name='s1')
>>> s.tel = '008'
>>> s.save()
>>> print Student.objects.get(name='s1').tel
008
```

查询出 name='s1' 的数据后，把 tel 数值进行修改，然后使用 save() 方法保存，再查询出的数据则已经被修改了。

（4）删除方法是 delete()，示例代码如下：

```
>>> s = Student.objects.get(name='s1')
>>> s.delete()                            // 删除一条数据
>>> Student.objects.all().delete()        // 删除所有数据
```

得到一个对象后，调用 delete() 方法可以把它删除，删除所有的对象需要调用 objects.all().delete() 方法。

以上就是使用 Django 的 ORM 的数据库操作方法，都是对 Python 方法的调用，不需要编写任何的 SQL 语句，转换工作由 Django 完成。

3. 关系映射

在关系型数据库中，表之间的关系有一对一、多对一、多对多，Django 有相应的实现方法。

（1）一对一的关系在 Django 中使用 models.OneToOneField() 表示，示例代码如下：

```
class Student (models.Model):
    name = models.CharField(max_length=45)
    tel = models.CharField(max_length=20)


class School(models.Model):
    schoolName = models.CharField(max_length=45)
    student = models.OneToOneField(Student,on_delete=models.CASCADE)    // 一对一关系
```

在模型类 School 中使用 models.OneToOneField(Student,on_delete=models.CASCADE) 定义了和 Student 类的一对一关系，并且定义了当删除 Student 时 School 也会被删除。

（2）多对一关系使用 models.ForeignKey() 表示，示例代码如下：

Chapter 9

```
class Student (models.Model):
    name = models.CharField(max_length=45)
    tel = models.CharField(max_length=20)

class School(models.Model):
    schoolName=models.CharField(max_length=45)
    student=models.ForeignKey(Student,on_delete=models.CASCADE)    // 多对一关系
```

使用 models.ForeignKey() 定义了 School 和 Student 是多对一的关系，当删除 Student 实例时，关联的所有 School 都会被删除。

（3）多对多关系使用 models.ManyToManyField() 表示，示例代码如下：

```
class Student (models.Model):
    name=models.CharField(max_length=45)
    tel=models.CharField(max_length=20)

class School(models.Model):
    schoolName=models.CharField(max_length=45)
    students=models.ManyToManyField(Student)    // 多对多关系
```

使用 students=models.ManyToManyField(Student) 创建了 School 和 Student 多对多的关系，数据库中会自动生成中间表。

9.2 使用 Django 开发 Blog 项目

在掌握了 Django 的各个组件后，本节将以一个博客（Blog）案例展示它的应用。

1. 准备工作

（1）在 CMD 窗口中创建项目 blog 和应用 myblog，命令如下：

```
D:\Python27>django-admin.py startproject blog
D:\Python27>cd blog
D:\Python27\blog>django-admin.py startapp myblog
```

（2）在 MySQL 中加入数据库 blog，创建语句如下所示：

```
create database blog character set utf8;
```

（3）修改项目的 settings.py 文件，加入应用 myblog 和修改数据库连接信息，代码如下所示：

```
// 省略内容
INSTALLED_APPS = (
    'django.contrib.admin',
    'django.contrib.auth',
    'django.contrib.contenttypes',
    'django.contrib.sessions',
```

```
      'django.contrib.messages',
      'django.contrib.staticfiles',
      'myblog',                          // 加入应用 myblog
)
// 省略内容
DATABASES = {                          // 修改数据库连接信息
    'default': {
        'ENGINE': 'django.db.backends.mysql',
        'NAME':'blog',
        'USER':'root',
        'PASSWORD':'111111',
        'HOST':'127.0.0.1',
        'PORT':'3306'
    }
}
// 省略内容
    LANGUAGE_CODE = 'zh-hans'           // 支持中文
```

2. 数据库表与 Django 模型

在编写基于数据库的项目时，第一步要做的就是数据库的设计，但是在使用 Django 时，只需要设计模型，下面我们来分析 blog 项目中我们需要用到的模型，在应用 myblog 的 models.py 文件中加入模型，示例代码如下：

```python
from django.db import models

class Tag(models.Model):                          // 标签
    tag_name = models.CharField(max_length=20)
    create_time = models.DateTimeField(auto_now_add=True)

    def __unicode__(self):
        return self.tag_name

class Classification(models.Model):               // 文章类别
    name = models.CharField(max_length=20)

    def __unicode__(self):
        return self.name

class Author(models.Model):                       // 作者
    name = models.CharField(max_length=30)
    email = models.EmailField(blank=True)
    website = models.URLField(blank=True)

    def __unicode__(self):
        return u'%s' % (self.name)
```

```
class Article(models.Model):                                    // 文章
    caption = models.CharField(max_length=30)
    subcaption = models.CharField(max_length=50, blank=True)
    publish_time = models.DateTimeField(auto_now_add=True)
    update_time = models.DateTimeField(auto_now=True)
content = models.TextField()
    author = models.ForeignKey(Author)                          // 与 Author 的关系
    classification = models.ForeignKey(Classification)          // 与 Classification 的关系
    tags = models.ManyToManyField(Tag, blank=True)              // 与 Tag 的关系
```

共创建了 4 个类：

（1）Classification 表示文章的类别，它只有一个 name 属性表示类别的名称。

（2）Tag 表示文章的标签，属性 tag_name 是标签的名称。属性 create_time 是创建的时间，使用了 auto_now_add=True，表示自动添加当前的时间。

（3）Author 表示作者，属性 name 是作者的名字，email 是作者的电子邮箱地址，website 是作者主页的 URL 路径。

（4）Article 表示文章，属性 caption 是文章的标题，subcaption 是文章的副标题，publish_time 是文章发布的时间，update_time 是文章更新的时间，content 是文章的具体内容。

使用 author=models.ForeignKey(Author) 生成多对一的关系映射，同理，Classification 类也是采用这种方式实现多对一的映射。

Tag 类和 Article 类的关系是多对多，需要使用 tags=models.ManyToManyField(Tag, blank=True) 表示，生成的数据库中自动生成中间表。

在 CMD 窗口中输入命令生成数据库，命令如下所示：

```
D:\Python27\blog>manage.py check
System check identified no issues (0 silenced).
D:\Python27\blog>manage.py makemigrations
D:\Python27\blog>manage.py migrate
```

3. 制作首页

前节已经准备好了模型数据，现在就可以使用 Django 的 MTV 框架完成首页的制作了。

（1）首先在应用 myblog 的 views.py 文件中加入如下代码：

```
from myblog.models import Article, Tag, Classification
from django.shortcuts import render_to_response
from django.template import RequestContext

def blog_list(request):                        // 显示博客列表
    blogs = Article.objects.all().order_by('-publish_time')

    return render_to_response('index.html', {"blogs": blogs}, context_instance=RequestContext(request))
```

　　博客的首页用于显示博客文章的列表，在方法 blog_list(request) 中，Article. objects.all().order_by('-publish_time') 表示获取到所有文件的列表，并按 publish_time 字段反序排序。最后使用 return render_to_response('index.html', {"blogs": blogs}, context_instance=RequestContext(request)) 返回模板 index.html，且把文件列表 blogs 传递过去。

　　（2）在项目的根路径下创建 templates 目录，用于存储首页的模板文件 index. html，代码如下所示：

```html
<html xmlns="http://www.w3.org/1999/xhtml">
<head>
<meta http-equiv="Content-Type" content="text/html; charset=utf-8" />
<title>Blog</title>
<link href="/static/css/dblog.css" rel="stylesheet" type="text/css" />      //引用静态文件
</head>
<body>
<div class="container">
<div class="header">
<div id="top">
<a href="/blog/"><img src="/static/images/LOGO.png" alt="LOGO" name="logo" width="400"
        height="300" id="logo" /></a>
<div id="nav_div">
<ul id="top_nav">
 <li><a href="/" class="a_normal"> 首页 </a></li>
 <li><a href="#" class="a_normal"> 订阅 </a></li>
 <li><a href="#" class="a_normal"> 关于 </a></li>
 </ul>
 </div>
 </div>
<!-- end .header --></div>
<div class="content_body">
 <div class="main_body">
 {% for blog in blogs %}                         //开始遍历文章
  <div class="blog_body">
  <div class="blog_title"><a href="/detail/?id={{ blog.id }}">{{ blog.caption }}</a></div>
   <div class="blog_info1">
   <span class="blog_info1_list">
   <span class="li_small_1"> 分类： <a href="#">{{ blog.classification }}</a></span>
   <span class="li_small_1"> 发表时间：{{ blog.publish_time|date:"Y-m-d H:i" }}</span>
   </span>
 </div>
   <div class="blog_splitline"></div>
   <div class="blog_description">{{ blog.content }}</div>
   <div class="blog_info2">
   <span class="blog_info2_list">
```

```
<span class="li_small_2"> 标签:
    {% for tag in blog.tags.all %}          // 开始遍历标签
      <a href="#">{{ tag.tag_name }}</a>
      {% endfor %}                          // 结束遍历标签
</span>
  </span>
  </div>
  </div>
  {% endfor %}                              // 结束遍历文章
  </div>
  </div>
  <div class="footer">
  <div id="footer_logo"></div>
  <div id="siteinfo">&copy; 2007 - 2012 blog Project</div>
  <!-- end .footer --></div>
 <!-- end .container --></div>
</body>
</html>
```

在 index.html 中，主要的工作就是对文章列表进行遍历，使用 for 循环，把文件列出来。文章和标签是多对多的关系，也是使用 for 循环进行遍历。

对于页面中引用到的 css 和图片等静态文件，可以在项目的根目录下创建 static 目录，在它下面再创建 css 目录和 images 目录。本案例的 dblog.css 文件代码如下所示：

```
body{
    background-image: url(/static/images/bc.jpg);
}
.float{
    float:left;
    display:block;
    width:80px;
    font-size: 28px;
}
.both{
    clear:both;
}
.font{
    font-size: 22px;
    text-align:center;
}
.font1{
    font-size: 15px;
}
```

```
.fix{
    text-align:center;
    position:relative;
    top:-50px;
}
.border{
    border-style: solid; border-width: 1px;
    background-color: #FFF;
    width: 600px;
    height: 300px;
    text-align: left;
    position: relative;
    left:350px;
}
```

（3）修改 settings.py，加入如下代码：

```
TEMPLATES = [
    {
        'BACKEND': 'django.template.backends.django.DjangoTemplates',
        'DIRS': [r'D:\python27\blog\templates'],        // 加入模板文件的目录
        'APP_DIRS': True,
        'OPTIONS': {
            'context_processors': [
                'django.template.context_processors.debug',
                'django.template.context_processors.request',
                'django.contrib.auth.context_processors.auth',
                'django.contrib.messages.context_processors.messages',
            ],
        },
    },
]
// 省略内容
STATIC_URL = '/static/'                    // 指定静态文件的目录
STATICFILES_DIRS = [
    BASE_DIR + '/static/',
]
```

修改了模板文件的所在目录，并指定了静态文件所在的目录。

（4）修改项目的 urls.py 文件，加入如下代码：

```
urlpatterns = [
    url(r'^admin/', include(admin.site.urls)),
    url(r'^$','myblog.views.blog_list',name='blog_list'),
]
```

指定根路径访问的方法是前面创建的 myblog.views.blog_list。

（5）至此，首页的制作已经完成，在 CMD 窗口启动服务，访问网址 http://127.0. 0.1:8000，如图 9.1 所示。

图 9.1　博客首页

4．后台管理应用

Django 提供了非常方便的后台管理工具，可以协助我们快速实现对数据的添加、修改等操作。

（1）首先检查项目的 settings.py 文件，确保有如下代码：

```
INSTALLED_APPS = (
    'django.contrib.admin',
    'django.contrib.auth',
    'django.contrib.contenttypes',
    'django.contrib.sessions',
    'django.contrib.messages',
    'django.contrib.staticfiles',
    'myblog',
)

MIDDLEWARE_CLASSES = (
    'django.contrib.sessions.middleware.SessionMiddleware',
    'django.middleware.common.CommonMiddleware',
    'django.middleware.csrf.CsrfViewMiddleware',
    'django.contrib.auth.middleware.AuthenticationMiddleware',
    'django.contrib.auth.middleware.SessionAuthenticationMiddleware',
    'django.contrib.messages.middleware.MessageMiddleware',
    'django.middleware.clickjacking.XFrameOptionsMiddleware',
```

```
    'django.middleware.security.SecurityMiddleware',
)
```

使用工具生成的这些代码，有时会因为版本不同而缺少一些内容，如果没有需要补全。它们的作用是使 Django 的管理后台生效。

（2）在 CMD 窗口中执行命令：

```
D:\blog>manage.py createsuperuser
Username (leave blank to use 'administrator'): admin
Email address: aa@aa.com
Password:
Password (again):
Superuser created successfully.
```

此命令的作用是创建超级管理员账户和密码，用于登录后台，本案例的账户名是"admin"，密码是"111111"。

（3）打开项目的 urls.py 文件，确保存在以下代码：

```
urlpatterns = [
    url(r'^admin/', include(admin.site.urls)),
    url(r'^$','myblog.views.blog_list',name='blog_list'),
]
```

第一行就是后台管理的路径映射。在浏览器输入网址 http://127.0.0.1:8000/admin，然后输入前面创建的管理员账户和密码就可以登录到后台，如图 9.2 所示。

图 9.2　后台登录页面

（4）在应用 myblog 的 admin.py 中加入如下代码：

```
from django.contrib import admin

# Register your models here.
from myblog.models import Tag, Author, Article, Classification


class AuthorAdmin(admin.ModelAdmin):
```

```
        list_display = ('name', 'email', 'website')
        search_fields = ('name',)

    class ArticleAdmin(admin.ModelAdmin):
        list_display = ('caption', 'subcaption', 'classification', 'author', 'publish_time', 'update_time')
        list_filter = ('publish_time',)
        date_hierarchy = 'publish_time'
        ordering = ('-publish_time',)
        filter_horizontal = ('tags',)

    admin.site.register(Article, ArticleAdmin)
    admin.site.register(Author, AuthorAdmin)
    admin.site.register(Tag)
    admin.site.register(Classification)
```

定义了两个类 AuthorAdmin 和 ArticleAdmin，它们都继承自 admin.ModelAdmin。如果不写这两个类，它们的后台管理都是使用 Django 的默认方式。AuthorAdmin 中的语句 list_display=('name', 'email', 'website') 的作用是，当显示 author 的列表时需要显示这几个字段，search_fields=('name',) 的作用是在页面中提供一个按 name 属性搜索数据的输入框。

ArticleAdmin 中 的 语 句 list_display=('caption', 'subcaption', 'classification', 'author', 'publish_time', 'update_time') 的作用是，当显示文章列表时需要显示这几个字段，list_filter=('publish_time',) 的 作 用 是 在 页 面 中 按 publish_time 值 提 供 过 滤 器。ordering=('-publish_time',) 的作用是按 publish_time 反序排序。

使用 admin.site.register 方法，把需要管理的类进行注册，Tag 和 Classification 使用默认的方式，Article 和 Author 自定义了管理类 ArticleAdmin 和 AuthorAdmin。

（5）登录到后台，可以实现对内容的管理，如图 9.3 所示。

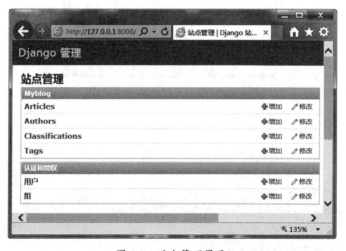

图 9.3　后台管理界面

单击 Articles 后面的"增加"按钮，可以添加文章，然后直接单击 Articles 可以进入到列表页面，如图 9.4 所示。

图 9.4　文章列表界面

列表中显示的内容按 ArticleAdmin 类中定义的方式显示，右侧是按 publish_time 字段处理的过滤器。

访问博客的首页地址 http://127.0.0.1:8000，看到新添加的文章可以显示出来，如图 9.5 所示。

图 9.5　博客首页文章

Django 管理后台的其他功能请读者自行试用，至此博客案例已经全部完成。

本章总结

- 在 Django 中，ORM 将数据库指令映射成 Python 代码。
- Django 提供一套自动生成的用于数据库访问的 API，每个模型都是 django.db.models.Model 的一个 Python 子类。在 models 中定义的每个类相当于数据库中的表，类中的每个属性都是数据库中的一个字段。

● 一对一使用 OneToOneField 映射，多对一使用 ForeignKey 映射，多对多使用 ManyToManyField 映射。

● Django 提供了非常方便的后台管理工具，可以协助我们快速实现对数据的添加、修改等操作。

第10章

Django 开发通讯录与 BBS 项目

技能目标

- 熟悉 HttpRequest 与 HttpResponse
- 了解 CSRF 攻击及防范
- 理解 Cookie 与 Session
- 能够开发通讯录与 BBS 项目

本章导读

本章将介绍使用 Django 开发两个项目——通讯录和 BBS 论坛项目，在开发项目的同时介绍一些新的技术内容，例如 HttpRequest 与 HttpResponse、CSRF 攻击及防范、Cookie 与 Session 等。

知识服务

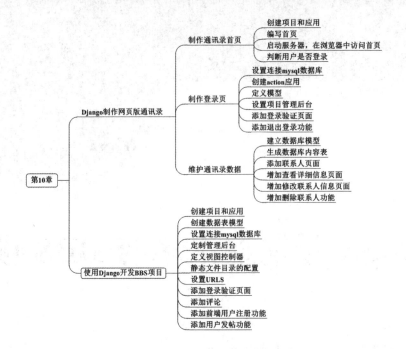

10.1   Django 制作网页版通讯录

本项目最终实现的效果是：用户登录网站后，可以添加、编辑、删除联系人，如图 10.1、图 10.2 和图 10.3 所示。

图 10.1   用户登录

图 10.2   添加联系人

图 10.3   维护联系人

10.1.1　制作通讯录首页

1．开发环境

Python 2.7.10 + Django1.8

2．创建项目和应用

django-admin.py startproject mytxl

在项目根目录中创建应用：

Manage.py startapp txl

用 PyCharm 打开 mytxl，在 settings 中添加 mytxl 应用名。

3．编写首页

（1）在 mytxl 应用中创建 templates\list.html：

```html
<!DOCTYPE html>
<html lang="en">
<head>
<meta charset="UTF-8">
<title> 通讯录列表 </title>
</head>
<style type="text/css">
   .empty {text-align:center;}
</style>
<body>
<div>
   {% if list %}
<table width="100%" border="1" cellpadding="0" cellspacing="0">
<tr style="TEXT-ALIGN: center;">
<td width="25%"> 联系人姓名 </td>
<td width="25%"> 联系人手机 </td>
<td width="25%"> 联系人电话 </td>
<td width="25%"> 操作 </td>
</tr>
      {% for line in list %}
<tr>
<td>{{ line.contacts_name }}</td>
<td>{{ line.contacts_phone }}</td>
<td>{{ line.contacts_tel }}</td>
<td></td>
</tr>
      {% endfor %}
</table>
```

```
   {% else %}
<h3 class="empty"> 联系人列表为空 <a href="/addContact"> 新增联系人 </a></h3>
   {% endif %}
</div>
</body>
</html>
```

（2）在项目的 urls 中添加：

```
url(r'^$', 'txl.views.index'),
```

（3）在应用的 views 文件中添加：

```
def index(request):
    contact_list = (
    )
    return render(request, "list.html", {'list': contact_list})
```

此时没有实际数据，所以显示为空白。

4. 启动服务器，在浏览器中访问首页

在 txl 应用中运行 manage.py runserver，打开浏览器输入 http://localhost:8000。

5. 判断用户是否登录

此时运行会报错，因为不存在 login 页面。

在 txl 应用 views 文件中添加：

```
if not request.user.is_authenticated():
    return HttpResponseRedirect("/txl/login")
```

这里简单介绍一下 HttpRequest 与 HttpResponse。HttpRequest 与 HttpResponse 之间是"求"与"应"的关系，如图 10.4 所示。HttpRequest 对象由 Django 自动创建，HttpResponse 对象需要程序员编写代码创建。

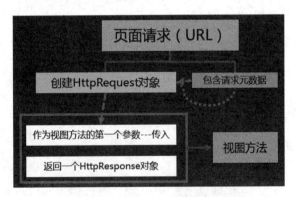

图 10.4　HttpRequest 与 HttpResponse

当请求一个页面时，Django 把请求的元数据包装成一个 HttpRequest 对象。Django 加载合适的 view 方法，把 HttpRequest 对象作为第一个参数传给 View 方法。

任何 View 方法都应该返回一个 HttpResponse 对象。

更加详细的介绍请登录课工场 APP 或官网 kgc.cn 观看视频。

10.1.2　制作登录页

1. 设置连接 MySQL 数据库

（1）首先下载安装 MySQLdb 类库，下载地址为 http://www.codegood.com/downloads。

（2）在 MySQL 中创建数据库：

```
create database txl character set utf8;
```

（3）修改项目 settings.py 配置数据属性：

```
DATABASES = {
  'default': {
    'ENGINE': 'django.db.backends.mysql',
    'NAME': ' txl',
    'USER': 'root',
    'PASSWORD':'',
    'HOST': '127.0.0.1',
    'PORT': '3306',
  }
}
```

2. 创建 action 应用

在项目的根目录创建应用 action：

```
Manage.py startapp action
```

在 settings 中添加 action 应用名。

3. 定义模型

User 系统表与 Users 表之间的关系如图 10.5 所示。

图 10.5　User 系统表与 Users 表之间的关系

在 action 应用的 models 文件中创建模型：

```
from django.db import models
from django.contrib.auth.models import User
class Users(models.Model):
    users = models.OneToOneField(User)
    users_real_name = models.CharField(max_length=64)

    def _unicode_(self):
        return self.users_real_name
```

4．生成数据库 user 表

（1）在根项目中执行生成迁移预览文件：

```
manage.py makemigrations
```

（2）执行迁移动作：

```
manage.py migrate
```

5．设置项目管理后台

（1）在 admin.py 中注册 models.py 的 Users 类：

```
import models
 admin.site.register(models.Users)
```

（2）创建后台管理用户：

```
Manage.py createsuperuser
```

使用浏览器进入后台并创建登录用户。

6．添加登录验证页面

（1）在 txl 项目的 templates 下创建 login.html：

```
<!DOCTYPE html>
<html>
<head lang="en">
<meta charset="UTF-8">
<title></title>
</head>
<body>
<div>
<form action="/txl/login_act" method="post">
    {% csrf_token %}
<div><label for="username"> 用户名 :</label>
<input type="text" name="username" id="username"/></div>
<div><label for="password"> 密码 :</label>
<input type="password" name="password" id="password"/></div>
<div><input type="submit" value=" 登录 "/></div>
```

```
    {% if message %}
<div>{{ message }}</div>
    {% endif %}
</form>
</div>
</body>
</html>
```

（2）在项目的 urls 中添加：

```
url(r'txl/', include('txl.urls')),
```

在 txl 应用中添加 urls 文件：

```
urlpatterns = patterns('my.views',
    url(r'^login_act', 'login_act'),
    url(r'^login', 'login'),
)
```

（3）在 txl 应用的 views 文件中添加方法：

```
from django.shortcuts import render
from django.http import HttpResponse, HttpResponseNotFound, HttpResponseRedirect
from django.contrib import auth
from action import models
def login(request):
    return render(request, 'login.html')

def login_act(request):
    username = request.POST.get('username')
    password = request.POST.get('password')

    user = auth.authenticate(username=username, password=password)

    if user is not None:
        auth.login(request, user)
        return HttpResponseRedirect('/')
    else:
        return render(request, 'login.html', {'message': u" 用户名或密码错误 "})
```

7. 判断用户是否登录

在 txl 应用 views 文件中添加：

```
if not request.user.is_authenticated():
    return HttpResponseRedirect("/my/login")
```

8. 添加退出登录功能

（1）在 txl 应用的 templates\list.html 增加代码：

```
<div><a href="/txl/logout"> 退出登录 </a></div>
```

（2）在 txl 应用的 urls.py 增加代码：

```
url(r'^logout$', 'logout'),
```

（3）在 txl 应用的 views.py 增加代码：

```
def logout(request):
    auth.logout(request)
    return HttpResponseRedirect('/')
```

10.1.3 维护通讯录数据

1. 建立数据库模型

建立数据表模型方法，在 action 应用的 models.py 文件中增加代码：

```
class Contacts(models.Model):
    contacts_name = models.CharField(max_length=255, blank=False)
    contacts_phone = models.CharField(max_length=20)
    contacts_user = models.ForeignKey('Users')
    contacts_tel = models.CharField(max_length=20)
    contacts_address = models.CharField(max_length=255)
    contacts_dateline = models.DateTimeField(auto_now_add=True)

    def __unicode__(self):
        return self.contacts_name
```

2. 生成数据库内容表

（1）在根项目中执行生成迁移预览文件 0002_contacts.py：

```
manage.py makemigrations
```

（2）执行迁移动作：

```
manage.py migrate
```

3. 添加联系人页面

（1）在 action 应用下增加 templates\add.html：

```
<!DOCTYPE html>
<html>
<head lang="en">
<meta charset="UTF-8">
<title></title>
</head>
<body>
<h2> 添加联系人 </h2>
<form action="/saveContact" method="post">
```

```
<div>
<input type="hidden" name="id" value=""/>
<label for="realname"> 联系人姓名： </label>
<input type="text" id="realname" name="realname" value=""/>
</div>
<br>
<div>
<label for="phone"> 联系人手机： </label>
<input type="text" id="phone" name="phone" value=""/>
</div>
<br>
<div>
<label for="tel"> 联系人电话： </label>
<input type="text" id="tel" name="tel" value=""/>
</div>
<br>
<div>
<label for="address"> 联系人地址： </label>
<input type="text" id="address" name="address" value=""/>
</div>
<br>
<div>
<input type="submit" value=" 提交 "/><a href="/"> 返回列表 </a>
</div>
<div>
    {{ error }}
</div>
</form>
</body>
</html>
```

（2）在 txl 应用的 list.html 中增加联系人页面的超链接：

```
<a href="/addContact"> 添加联系人 </a><a href="/my/logout"> 退出登录 </a>
```

（3）在根项目的 urls.py 文件中添加：

```
url(r'^addContact$', 'action.views.add'),
url(r'^saveContact$', 'action.views.add_act'),
```

（4）在 action 应用的 views.py 文件中添加响应方法：

```
def add(request):
    return render(request, 'add.html')
def add_act(request):
    try:
        id = request.POST.get('id')
        real_name = request.POST.get('realname')
        phone = request.POST.get('phone')
```

```
        tel = request.POST.get('tel')
        address = request.POST.get('address')

        if not real_name:
            return render(request, 'add.html', {'error': u' 联系人姓名不能为空 '})

        if not id:
            models.Contacts.objects.create(
                contacts_name=real_name,
                contacts_phone=phone,
                contacts_tel=tel,
                contacts_address=address,
                contacts_user=models.Users.objects.get(users_id=request.user.id)
            )
        else:
            contact = models.Contacts.objects.get(id=id)
            contact.contacts_name = real_name
            contact.contacts_phone = phone
            contact.contacts_tel = tel
            contact.contacts_address = address
            contact.save()

        return HttpResponseRedirect('/')
    except ObjectDoesNotExist, e:
        return HttpResponseNotFound("404 Not Page")
    except Exception, e:
        return render(request, 'add.html', {'error': u' 操作失败 :%s' % e})
```

注意

在 Python 2.7 版本中如果使用中文，一定要在页面前定义编码 "# _._ coding:utf-8 _._"。

（5）此时添加的数据仍然不能显示，需要修改 txl 的 views 文件的 index 方法，将数据库中写死的数据修改为 contact_list = models.Contacts.objects.all()。

4. 增加查看详细信息页面

（1）在 action 应用下增加 templates\view.html：

```
<!DOCTYPE html>
<html>
<head lang="en">
<meta charset="UTF-8">
<title> 查看联系人：{{ contact }}</title>
</head>
```

```
<body>
<div> 联系人姓名：{{ contact.contacts_name }}</div>
<div> 联系人手机：{{ contact.contacts_phone }}</div>
<div> 联系人电话：{{ contact.contacts_tel }}</div>
<div> 联系人地址：{{ contact.contacts_address }}</div>
<div><a href="/"> 返回列表 </a><a href="/editContact/{{ contact.id }}"> 编辑联系人信息 </a>
    <a href="/delContact/{{ contact.id }}"> 删除联系人 </a></div>
</body>
</html>
```

（2）修改 txl 页面，在 txl 应用的 list.html 中增加详细页面的超链接：

```
<a href="/viewContact/{{ line.id }}"> 详细 </a>
```

（3）在项目 urls 中添加：

```
url(r'^viewContact/(?P<id>\d+)$', ' action.views.view'),
```

（4）在 action 应用的 views 中添加：

```
def view(request, id):
    try:
        contact = models.Contacts.objects.get(id=id)
        return render(request, 'view.html', {"contact": contact})
    except ObjectDoesNotExist:
        return HttpResponseNotFound("404 Not Found")
```

5．增加修改联系人信息页面

（1）在 action 应用下增加 templates\edit.html 页面：

```
<!DOCTYPE html>
<html>
<head lang="en">
<meta charset="UTF-8">
<title></title>
</head>
<body>
<h2> 编辑联系人 </h2>
<form action="/saveContact" method="post">
    {% csrf_token %}
<div>
<input type="hidden" name="id" value="{{ contact.id }}"/>
<label for="realname"> 联系人姓名：</label>
<input type="text" id="realname" name="realname" value="{{ contact.contacts_name }}"/>
</div>
<br>
<div>
<label for="phone"> 联系人手机：</label>
<input type="text" id="phone" name="phone" value="{{ contact.contacts_phone }}"/>
</div>
```

```
<br>
<div>
<label for="tel"> 联系人电话：</label>
<input type="text" id="tel" name="tel" value="{{ contact.contacts_tel }}"/>
</div>
<br>
<div>
<label for="address"> 联系人地址：</label>
<input type="text" id="address" name="address" value="{{ contact.contacts_address }}"/>
</div>
<br>
<div>
<input type="submit" value=" 提交 "/><a href="/"> 返回列表 </a>
</div>
<div>
    {{ error }}
</div>
</form>
</body>
</html>
```

（2）在 txl 应用的 list.html 中增加详细页面的超链接：

```
<a href="/editContact/{{ line.id }}"> 编辑 </a>
```

（3）在项目 urls 中添加：

```
url(r'^viewContact/(?P<id>\d+)$', ' action.views.view'),
```

（4）在 action 应用的 views 中添加：

```
def edit(request, id):
  try:
    contact = models.Contacts.objects.get(id=id)

    return render(request, 'edit.html', {'contact': contact, 'error': ''})
  except Exception:
    return HttpResponseNotFound("404 Not Found")
```

6．增加删除联系人功能

（1）在 txl 应用的 list.html 中增加详细页面的超链接：

```
<a href="/delContact/{{ line.id }}"> 删除 </a>
```

（2）在项目 urls 中添加：

```
url(r'^delContact/(\d+)$', 'delete'),
```

（3）在 action 应用的 views 中添加：

```
def delete(request, id):
  try:
```

```
        models.Contacts.objects.filter(id=id).delete()
        return HttpResponseRedirect('/')
    except Exception:
        return HttpResponseNotFound("404 Not Found")
```

10.2　使用 Django 开发 BBS 项目

1．开发环境

Python 2.7.10 + Django1.8

2．创建项目和应用，例如 bbs

django-admin.py startproject bbs

在项目根目录中创建应用：

Manage.py startapp app01

用 PyCharm 打开 bbs，在 settings 中添加 app01 应用名。

3．创建数据表模型

在 bbs 应用中打开 models，添加数据：

```
# _*_ encoding: utf-8 _*_
from django.db import models
from django.contrib.auth.models import User


# Create your models here.

class bbs(models.Model):
    title = models.CharField(max_length=64)                    # 帖子标题
    summary = models.CharField(max_length=256, blank=True, null=True)     # 帖子简介
    content = models.TextField()                    # 帖子内容
    category = models.ForeignKey('bbs_category')     # 帖子板块
    author = models.ForeignKey('bbs_user')          # 帖子作者
    view_count = models.IntegerField()                    # 查看次数
    ranking = models.IntegerField()                    # 排序顺序
    created_at = models.DateTimeField(auto_now_add=True)    # 创建时间
    updated_at = models.DateTimeField(auto_now_add=True)    # 更新时间

    def _unicode_(self):
        return self.title


class bbs_user(models.Model):
    user = models.OneToOneField(User)          # 用户名称，与 User 表关联
```

```
        signature = models.CharField(max_length=128, default=u' 这家伙很懒，什么都没有留下 ')
                                      # 用户签名
        photo = models.ImageField(upload_to='e:/python/pyobj/BBS/upload/images/',
                    default='e:/python/pyobj/BBS/upload/images/default.jpg') # 用户头像


        def __unicode__(self):
            return self.user.username



    class bbs_category (models.Model):
        name = models.CharField(max_length=32, unique=True)      # 板块名称
        administrator = models.ForeignKey('bbs_user')      # 板块管理员

        def __unicode__(self):
            return self.name

    class bbs_comment(models.Model):
        bbs = models.ForeignKey('bbs')            # 评论的帖子 ID，与 bbs 表关联
        user = models.ForeignKey(User)
        comment = models.TextField()
        submit_date = models.DateTimeField(auto_now_add=True)
        is_public = models.IntegerField(default=1)
        is_remove = models.IntegerField(default=0)

        def _unicode_(self):
            return self.comment
```

此时没有实际数据，所以显示为空白，其中每一个数据表为一个 class，每一个变量为一个字段，通过定义 _unicode_() 方法来指定后台在读取数据表的时候默认读取哪一个字段。

4. 设置连接 MySQL 数据库

（1）在 MySQL 中创建数据库：

```
create database bbs character set utf8;
```

（2）修改项目 settings.py 配置数据属性：

```
DATABASES = {
    'default': {
        'ENGINE': 'django.db.backends.mysql',
        'NAME': 'bbs',
        'USER': 'root',
        'PASSWORD':'',
        'HOST': '127.0.0.1',
        'PORT': '3306',
    }
}
```

然后从 CMD 进入项目的根目录执行 python manage.py migrate 命令，Django 将会自动生成数据表。

5. 定制管理后台

（1）使用 python manage.py createsuperuser 命令根据提示创建一个超级用户。

（2）在 CMD 中进入项目目录执行命令 python manage.py runserver，开启测试用的服务器，默认访问地址为 127.0.0.1:8000。

（3）此时需要在应用的 admin.py 文件中对数据表进行注册及定制。

```
# _*_ encoding: utf-8 _*_


from django.contrib import admin
from app01 import models

# Register your models here.


class BbsAdmin(admin.ModelAdmin):
    list_display = ('title', 'summary', 'author', 'signature', 'view_count', 'created_at')
    list_filter = ('created_at',)
    search_fields = ('title', 'author__user__username')

    def signature(self, object_):
        return object_.author.signature
    signature.short_description = 'signature'

admin.site.register(models.Bbs, BbsAdmin)
admin.site.register(models.BbsCategory)
admin.site.register(models.BbsUser)
admin.site.register(models.BbsComment)
```

在定制后的列表页面中，list_display 用来定制显示的列，list_filter 用来定制右侧的过滤器，search_fields 指定搜索框搜索的字段。

6. 定义视图控制器

在应用的 views.py 文件中定义首页：

```
def index(request, category_id=None):
    """
    bbs index page
    :param request:
    :return:
    """
    if category_id is None:
        bbs_list = models.Bbs.objects.all()
```

```
    else:
        bbs_list = models.Bbs.objects.filter(category_id=category_id)
    category_list = models.BbsCategory.objects.all()

    response = render(
        request,
        'index.html',
        {'bbs_list': bbs_list, 'category_list': category_list, 'category_id': category_id}
    )
return response
```

定义了一个 index 方法，该方法代表前端的 index 页面，在方法中我们读取 bbs 表中的帖子列表然后传给 index.html 页面。这里要注意，在视图控制器中的方法都要接收一个 request 参数，不然我们没法接收到页面传过来的 POST 和 GET 数据。然后通过 render() 方法指定渲染的 html 页面，以及传给页面的数据，其中 request 是给 index.html 页面传入接收到的 reqeust 对象，使用它来获取请求时的一些数据。

7. 静态文件目录的配置

（1）在根项目 settings 文件中修改 templates。

```
'DIRS': [
        os.path.join(BASE_DIR, 'templates'),
    ],
```

（2）然后使用如下配置项配置 CSS 等静态文件的目录地址。

```
STATICFILES_DIRS = (os.path.join(BASE_DIR, 'static'),)
```

（3）在项目目录下新建 templates 和 static 这两个文件夹。

（4）在 templates 目录下新建一个 index.html 页面，在头部引入 CSS 和 JS 文件时直接使用 static 目录的绝对地址。

8. 设置 URLS

（1）Django 如果要想使用户可以访问页面，需要对 urls.py 文件进行配置，添加 URL 路由规则：

```
url(r'', include(app01.urls)),
```

（2）导入应用 app01 的 urls 模块，然后将所有的 url 都使用 app01 的 url 来解析：

```
url(r'^$', views.index),
```

9. 添加登录验证页面

（1）在 bbs 项目的 templates 下创建 login.html：

```
{% extends 'index.html' %}
```

```
{% block content %}

    <form action="/acc_login/" method="post">
      {% csrf_token %}
      <div class="form-group">
        <label for="username"> 用户名 </label>
        <input type="text" id="username" name="username">
      </div>
      <div class="form-group">
        <label for="password"> 密码 </label>
        <input type="password" id="password" name="password">
      </div>
      <div class="form-group">
        <label for="submit" class="sr-only"> 提交 </label>
        <input type="submit" id="submit" value=" 提交 ">
      </div>
      <div class="form-group">
        <span style="color:red">{{ login_err }}</span>
      </div>
    </form>
{% endblock %}
```

第一行使用 Django 的模板语法载入 index.html 模板，然后重写名为 content 的 block 块，在块中定义了一个表单，将输入的用户名和密码提交到 acc_login 方法，注意我们在表单中写了一条语句 {% csrf_token %}，它是 Django 自带的一个防止跨站攻击的组件，如果你的表单提交方式为 post 并且没有这个 csrf_token，那么 Django 是会报错的。

CSRF（Cross-Site Request Forgery，跨站请求伪造），通常缩写为 CSRF 或者 XSRF，是一种对网站的恶意利用。攻击者可以伪造用户的请求，该请求中所有的用户验证信息都存在于 Cookie 中，因此攻击者可以在不知道这些验证信息的情况下直接利用用户自己的 Cookie 来通过安全验证。

关于 CSRF 及其防范的具体介绍请登录课工场 APP 或官网 kgc.cn 观看视频。

（2）在应用的 urls 中添加：

```
url(r'^login/$', views.login),
url(r'^acc_login/$', views.acc_login),
```

这样登录表单提交的数据就会被提交到视图控制器中的 acc_login 方法中，在 acc_login 方法中我们使用 Django 自带的 auth 模块来实现登录验证。

（3）在应用的 views 文件中添加登录验证方法：

```
def login(request):
    """
    user login page
    :param request:
```

10
Chapter

241

```
    :return:
    """

    return render(request, 'login.html')


def acc_login(request):
    """
    user login action
    :param request:
    :return:
    """
    username = request.POST.get('username')
    password = request.POST.get('password')
    user = auth.authenticate(username=username, password=password)

    if user is not None:
        auth.login(request, user)
        return HttpResponseRedirect('/')
    else:
        return render(request, 'login.html', {'login_err': u'用户名或密码错误'})
```

（4）退出时只需定义 logout 路由规则：

```
url(r'^logout/$', views.logout),
```

指向视图控制器中的 logout 方法：

```
def logout(request):
    """
    user logout action
    :param request:
    :return:
    """
    auth.logout(request)

return render(request, 'login.html')
```

10. 添加评论

（1）在 templates 中添加页面 bbs_detail.html，在页面中添加一个评论的表单。

```
{% extends 'index.html' %}

{% block content %}
    <div>
    {{ bbsObject.title }}

    <br/>
```

```
{{ bbsObject.content }}
</div>

<hr/>

<form action="/sub_comment/" method="post">
    {% csrf_token %}
    <textarea name="content" id="content" cols="80" rows="10"></textarea>
    <input type="hidden" name="bbs_id" value="{{ bbsObject.id }}">
    <br>
    <input type="submit" value=" 提交评论 ">
</form>

<hr/>

{% for comment in bbs_comment_list %}
    {{ comment.submit_date }}
    <br/>
    {{ comment.comment }}
    <hr/>
{% endfor %}

{% endblock %}
```

（2）这个表单提交了评论的内容以及帖子的 ID，提交到 sub_comment 方法，然后在 URLS 中添加 sub_comment 的路由。

```
url(r'^sub_comment/$', views.sub_comment),
```

在视图控制器中定义 sub_comment 页面的方法：

```
def sub_comment(request):
    """
    user comment action
    :param request:
    :return:
    """

    comment = request.POST.get('content')

    bbs_id = request.POST.get('bbs_id')

    # 检查是否有已评论过的标记，没有允许评论并设置，有则返回错误信息。
    has_comment = request.session.get('has_comment', False)
    if has_comment:
        return HttpResponse(" 你已经评论过了 ")

    models.BbsComment.objects.create(
```

```
        user=request.user,
        bbs_id=bbs_id,
        comment=comment
    )

    # 设置已评论的状态标记。
    request.session['has_comment'] = True


return HttpResponseRedirect('/bbs_detail/%s' % bbs_id)
```

这里要讲一下如何获取到 bbs_id。Django 中可以通过两种方式获取到 get 参数，一种是使用 urls 路由形式的传参，这种形式的传参可以通过在视图方法中定义接收参数来接收，Django 的路由工具会自动按照正则来匹配传参。

另外一种就是正常 URL 方式的？号形式传参，可以通过 request.GET.get() 方法获取，然后在帖子内容的 html 页面中显示评论列表。

关于 Cookie 和 Session 的介绍如下。

- Cookie 常用于识别用户。Cookie 是一种服务器留在用户计算机上的小文件。每当同一台计算机通过浏览器请求页面时，这台计算机将会发送 Cookie。

- 您在计算机上操作某个应用程序时，打开它，做些更改，然后关闭它。这很像一次对话（Session）。计算机知道您是谁，它清楚您在何时打开和关闭应用程序。然而，在因特网上的问题出现了：由于 HTTP 无法保持状态，Web 服务器并不知道您是谁以及您做了什么。

- Session 解决了这个问题，它通过在服务器上存储用户信息以便随后使用（比如用户名称、购买商品等）。Session 变量存储单一用户的信息，并且对于应用程序中的所有页面都是可用的。然而，会话信息是临时的，在用户离开网站后将被删除。如果您需要永久存储信息，可以把数据存储在数据库中。

- Session 的工作机制是：为每个访客创建一个唯一的 id（UID），并基于这个 UID 来存储变量。UID 存储在 Cookie 中，或者通过 URL 进行传导。

- Django 默认启用了 Session。

- 在视图中使用 Session：
    ◆ request.session 可以在视图中任何地方使用，它类似于 Python 中的字典。
    ◆ Session 默认有效时间为两周，可以在 settings.py 中修改默认值。
    ◆ 创建或修改 session:request.session[key]=value。
    ◆ 获取 session:request.session.get(key,default=None)。
    ◆ 删除 session:del request.session[key] # 不存在时报错。

11. 添加前端用户注册功能

（1）Django 提供了一个 forms 组件，这个组件的作用是让我们可以方便的进行表单项验证，我们在注册这里使用 forms 组件来进行用户注册时提交的信息的验证。首先我们在 app01 中创建一个文件 forms.py，其代码如下：

```
# _._ coding:utf-8 _._
from django import forms
from django.utils.translation import ugettext_lazy as _
class RegisterForm(forms.Form):
    username = forms.CharField(label=_(u' 用户名 '), max_length=10, min_length=3)
    password1 = forms.CharField(label=_(u' 密    码 '), widget=forms.PasswordInput, max_length=18,
        min_length=4)
    password2 = forms.CharField(label=_(u' 确认密码 '), widget=forms.PasswordInput,
        max_length=18, min_length=4)
    signature = forms.CharField(label=_(u' 签名 '), max_length=128, initial=u' 这家伙很懒，什么都
        没有留下 ')
```

在代码中，引入 Django 的 forms 组件，然后创建一个类继承自 forms.Form 类，在类中定义了几个属性，如 username，这些属性代表的就是我们表单中的每一个表单项，它的定义形式类似于前面讲过的 model 的定义，这里类名对应表单名，属性对应表单项。

（2）后面会定义一个方法叫 register，这个方法中，我们调用实例化的 RegisterForm 类并传给注册页面，首先在 templates 中添加注册页面，代码如下：

```
% extends 'index.html' %}

{% block title %}
  用户注册
{% endblock %}

{% block content %}

  <form action="/register/" method="post">
    {% csrf_token %}
    {% for field in form %}
      <div class="form-group">
        {{ field.label_tag }}
        {{ field }}
        {{ field.errors }}
      </div>
    {% endfor %}
    <div class="form-group">
      <label for="submit" class="sr-only"> 提交 </label>
      <input type="submit" id="submit" value=" 提交 ">
    </div>
  </form>
{% endblock %}
```

（3）然后在 views.py 视图文件中添加一个注册用户的方法，并且把我们创建的 forms 组件引入进来。页面的表单中，提交地址同样是 register，再提交数据到 register 方法后，request 对象的 POST 属性就会有实际的数据，所以可以通过它来判断是否要进行数据处理，增加 views 视图文件中 register 方法的代码如下：

```
from django.contrib.auth import forms as af
import forms
```

```
def register(request):
    form = forms.RegisterForm
    if request.POST:
        register_form = forms.RegisterForm(request.POST)
        user = af.UserCreationForm(request.POST)

        if user.is_valid():
            if len(str(request.POST.get('signature'))) <= 128:
                user.save()
                models.BbsUser.objects.create(
                    user=user.instance,
                    signature=request.POST.get('signature')
                )
                user_object = auth.authenticate(
                    username=user.cleaned_data['username'],
                    password=user.cleaned_data['password1'])
                auth.login(request, user_object)
                return HttpResponseRedirect('/')
            else:
                register_form.add_error('signature', u' 签名不能大于 128 个字符 ')
        else:
            for field in user:
                register_form.add_error(field.name, field.errors)

        form = register_form
    response = render(request, 'register.html', {'form': form})
    return response
```

在代码中，增加了 if request.POST 的验证，来判断该次请求是否存在提交的数据，如果存在数据就进行注册操作。在 if 判断内，实例化了两个 form 组件，并且把接收到的数据传入进去，这样在 form 组件初始化的时候就会将接收到的表单项与对象自身的属性进行绑定，如果接收的数据中包含的项在组件中未设置，那么就会被忽略掉。代码部分的两个 form 组件一个是我们自己定义的用来验证签名等信息的组件，Django 中导入进来的 af 组件用来验证用户名、密码等信息。

12. 添加用户发帖功能

（1）实现发布帖子的功能，在 index.html 页面中添加一个发帖按钮：

```
<li style="line-height: 20px;margin:15px 0px">
  <span><a href="/bbs_pub"> 发帖 </a></span>
    </li>
```

（2）在 urls.py 中添加路由解析：

```
url(r'^bbs_pub/$', views.bbs_pub),
```

（3）对应的在 views.py 中添加方法，代码如下：

```
def bbs_pub(request):
    """
```

```
    bbs create page
    :param request:
    :return:
    """
    category_list = models.BbsCategory.objects.all()

    return render(request, 'bbs_pub.html', {'category_list': category_list})
```

（4）在方法中，取出所有版块的列表传给 bbs_pub.html 页面，在 templates 中添加页面代码如下：

```
{% extends 'index.html' %}

{% block content %}

  <form action="/bbs_pub_action/" method="post">
    <label for="category"> 板块 </label>
    <select name="category" id="category">
      {% for category in category_list %}
        <option value="{{ category.id }}">{{ category.name }}</option>
      {% endfor %}
    </select>
    <br>
    <label for="title"> 标题 </label><input type="text" name="title" id="title" placeholder=
        " 请输入标题 ">
    <br>
    <label for="summary"> 简介 </label><input type="text" name="summary" id="summary"
        placeholder=" 请输入简介 ">
    <br>
    <textarea name="content" id="content" cols="80" rows="10"></textarea>
    <input type="submit" value=" 发帖 ">
  </form>

  <script type="text/javascript" src="/static/kindeditor/kindeditor-min.js"></script>
  <script type="text/javascript">
    KindEditor.ready(function(K){
      window.editor = K.create('#content', {
        width:'100%',
        height:500
      })
    });
  </script>
{% endblock %}
```

（5）在页面中，使用 for 语句遍历出所有的版块，然后组成一个表单，提交到 bbs_pub_action 页面，对应添加路由：

```
url(r'^bbs_pub_action/$', views.bbs_pub_action),
```

（6）添加 views.py 中的处理方法：

```
def bbs_pub_action(request):
    """
    bbs create action
```

```
:param request:
:return:
"""
title = request.POST.get('title')
summary = request.POST.get('summary')
content = request.POST.get('content')
author = models.BbsUser.objects.get(user__username=request.user)

models.Bbs.objects.create(
    title=title,
    category_id=int(request.POST.get('category')),
    summary=summary,
    content=content,
    author=author,
    view_count=1,
    ranking=1
)

return HttpResponseRedirect('/')
```

这样就可以实现发帖的功能了。

本章总结

● 通讯录项目最终实现的效果是：用户登录网站后，可以添加、编辑、删除联系人。

● HttpRequest 与 HttpResponse 之间是"求"与"应"的关系， HttpRequest 对象由 Django 自动创建，HttpResponse 对象需要程序员编写代码创建。

● CSRF（Cross-Site Request Forgery，跨站请求伪造），通常缩写为 CSRF 或者 XSRF，是一种对网站的恶意利用。

● Session 的工作机制是：为每个访客创建一个唯一的 id（UID），并基于这个 UID 来存储变量。UID 存储在 Cookie 中，或者通过 URL 进行传导。